# LA CIENCIA COMO INTEGRADORA DE LA CULTURA

# LA CIENCIA COMO INTEGRADORA DE LA CULTURA

DR. ADALBERTO GARCÍA DE MENDOZA

Editora: Elsa Taylor

Número de Control de la Biblioteca del Congreso de EE. UU.:      2016904948
ISBN:            Tapa Dura                        978-1-5065-1326-3
                 Tapa Blanda                      978-1-5065-1327-0
                 Libro Electrónico                978-1-5065-1328-7

Información de la imprenta disponible en la última página.

Fecha de revisión: 08/04/2016

**Para realizar pedidos de este libro, contacte con:**
Palibrio
1663 Liberty Drive
Suite 200
Bloomington, IN 47403
Gratis desde EE. UU. al 877.407.5847
Gratis desde México al 01.800.288.2243
Gratis desde España al 900.866.949
Desde otro país al +1.812.671.9757
Fax: 01.812.355.1576
ventas@palibrio.com
733092

# ÍNDICE

# Palabras Iníciales

El momento que vivimos exige un resurgimiento de valores culturales. Un cambio radical se nota en todas las lucubraciones filosóficas y en todas las manifestaciones del arte. Hay que hacer una nueva mentalidad, que pueda asimilar, lo mismo la teoría de Einstein que la de Planck, lo mismo el psicoanálisis de Freud que las serenas meditaciones tomistas de Guardini. Hay que llevar una nueva savia a la inteligencia de la juventud, para que se compenetre de todos los problemas, de todas las dudas, de todos los intentos de soluciones que en el momento actual surgen en el pensamiento y en la inteligencia.

Hay que destruir con férrea mano los carcomidos e inútiles sistemas de la centuria pasada, que bajo el cariz de un cientificismo estricto llevó la exaltación a los métodos experimentales, a la degradación de la dignidad humana y a la creencia de que la técnica por sí sola pudo haber resuelto el porvenir de la humanidad.

Nuevas visiones en la historia, nuevos principios para la concepción de la naturaleza, nuevas soluciones para el complicado problema del espíritu, nuevos aspectos en la vida social, se presentan al que destruyendo ídolos y fetiches se entrega a vivir con plenitud el siglo XX.

La filosofía tiene un sentido profundo en la intuición de Dilthey o de Husserk, un aspecto sorprendente en el valor cultural de Rickert o de Scheler, un sentido profundo en la metafísica de Keyserling o de Vasconcelos.

El arte supone una nueva posición del hombre frente a la vida y a la naturaleza. El atonalismo de Schoenberg y la melodía de timbre de Strawinski, lo estático o silencioso en la pintura de Schrimpf o Mense, el teatro de Kaiser y O'Neil, el verismo literario de Mann; Mehring y Werbel: sólo pueden ser comprendidos con el alma joven que busca nuevos propósitos y siente nueva vitalidad.

La ciencia misma se transforma en sus bases. La matemática actual tiene aspectos en las teorías de la Multiplicidad, en los Grupos de Lie, en las Geometrías no euclidianas, en los análisis de las funciones de Weirtrass, Dini y Darboux, en el Cálculo Diferencial absoluto y en los análisis algebráicos de Hurwitz y Frobenius, que no se ajustan a los viejos mundos de la Matemática de Newton, de Lagrange o de Cauchy. La Física con la teoría espléndida de la Relatividad de Einstein, con la hipótesis de los "Quanta" en la obra de Planck, en las concepciones atómicas de Borh-Heisemberg o de Schroendinger; adquiere principios de una verdadera doctrina funcional y causal.

¿Y qué diremos frente a las especulaciones en los campos del inconsciente de la teoría de las estructuras psicológicas, de la "intentio" como fuente primordial de la conciencia y de todo ese bagaje de verdaderas conquistas en la ciencia del espíritu por genios como Brentano, Scheler, Spranger; Westheimer, Koffka y Lipps?

La vida nueva es, propiamente, una nueva realización dentro de las posibles determinaciones del hombre frente al universo. Esta vida nueva que surge radiante, que invade nuestra intuición, nuestro pensamiento y nuestra vida, la sintetizamos en la palabra mágica "ALBA". "Alba" simboliza para nosotros, el comienzo de algo creador dentro de nuestra cultura. "Alba" será la antorcha del que quiera destruir la obscuridad de noche en que se han refugiado nuestros pensamientos por mucho tiempo. "Alba" llevará en su ser la convicción de que cada mañana Dios dice al hombre: "Levántate, el día es tuyo".

# LA CIENCIA COMO INTEGRADORA
# DE LA CULTURA

CONFERENCIA DEL SEÑOR DOCTOR

ADALBERTO GARCÍA DE MENDOZA

México, octubre de 1951

# LA CIENCIA COMO INTEGRADORA
# DE LA CULTURA

Conferencia pronunciada por el Señor
Doctor Adalberto García de Mendoza
el día 30 de octubre de 1951 en el
Paraninfo de la Universidad Nacional
de México con motivo de su cuarto
centenario.

Señor Rector de la Universidad
Señor Director General de la Escuela Preparatoria
Excelentísimo Director de la Preparatoria número 2
Maestros y jóvenes estudiantes.

Hace tiempo pronuncié una conferencia relacionada con el tema
"El sentido humanista de la Ciencia y de los científicos", ahora vengo a
tratar un tema de naturaleza semejante "La Ciencia como integradora de
la cultura". Por una rara coincidencia mi disertación viene redondeando
un tema único que flota en este momento en el ambiente universitario, ya
que lo han iniciado con maestría mis compañeros de cátedra al referirse a
los aspectos sustanciales del humanismo.

El Sr. Lic. Sánchez Juárez abordó con galanura la importancia de las
lenguas clásicas como son el griego y el latín para la formación humanista
del universitario; el Sr. Dr. Santos Jiménez, con similar profundidad, se
refirió al campo de la enseñanza en general y especialmente de la filosofía
en los tiempos Medioevos, con el nacimiento de las universidades

y en el Renacimiento con el impulso de una visión más cercana a la naturaleza del hombre. Menciones magníficas se hicieron de Homero y de Virgilio, se citaron sendos versos de Horacio, magníficas sentencias de Cicerón y Quintiliano, y se hizo referencia a la enseñanza humanista en las más bellas universidades de Europa como las de París, Oxford, Pavía, Salamanca, y por último, la hija predilecta de la América como fuera nuestra Universidad Real y pontificia de Nueva España, y ahora Universidad Nacional de México.

Recordando aquellas frases y esos conceptos que me hacían gozar nuevamente de la clásica Grecia, de la severa Roma y de la humana Judea, vino a mi espíritu una alegría: la de haber encontrado, a través de mis estudios, los manjares más sublimes en las lenguas más sabias y armoniosas. Desfilaron por mi mente las enseñanzas que en esta hermosísima Universidad recibiera y que ampliara en las cultas universidades de Alemania como la de Tubinga, de ese idioma que todavía es un misterio por la profundidad de su léxico, la enormidad de su pensamiento; me refiero al griego, tan sabiamente empleado por Platón y Aristóteles, y hermosamente pulido por Esquilo y Demóstenes; y por otra parte, esa penetración espiritual más blanda, más dúctil y más sonora del latín que en Cicerón es letra de oro, en Virgilio es opulencia imperial y deleite de trabajo agrícola y en San Agustín es ropaje de esencialidades, noblezas y beatitudes.

Se dieron también noticias el día de ayer por un maestro distinguido como es el Sr. Lic. Covarrubias de la organización social de la Nueva España y la función de la Real y Pontificia Universidad de México en la formación de la conciencia nacional. Ella nos llevó por un ambiente histórico en que las Ciencias y las letras eran todavía el eco del Medioevo y del Renacimiento empapadas de la escolástica que dominara en España y en los países cristianos.

Pero para redondear estos pensamientos que han tratado de las lenguas clásicas, del humanismo que consignan el *trívium* y el *cuadrivium*, de la Filosofía y de las ideas sobre el Universo y sobre la vida, había que llegar al campo de la Ciencia, campo aparentemente desnudo de belleza, indiferente a la bondad y muchas veces negador de beatitudes.

Si ahora queremos que el joven universitario ahonde, comprenda y viva el verdadero humanismo, que por otra parte no fuera ciertamente descubierto en el Renacimiento de los siglos XV y XVI, sino por aquellos renacimientos de las nobles épocas del siglo IV en que San Basilio, Gregorio de Niza, San Ambrosio, San Jerónimo y San Agustín elevaron a su puesto debido la *sophia*, la *helikia* y la *charis*, del siglo VII en que el Venerable Beda ya preludiara el maravilloso imperio carolingio en donde la figura de Alcunio es portadora de un intento formidable de integración del hombre, para llegar al siglo XII en que, juntamente con el principio de arquitectura gótica que representa la aspiración a lo infinito de la epopeya de Dante, es el más bello tratado de teología cristiana, se han de elevar los pensamientos de Hildeberto de Lavardín, Juan de Salisbury y Pedro de Blois, para dejar esa estrella luminosa que, como sirio en una noche limpia, es la penetración del pensamiento más equilibrado y severo, me refiero a Santo Tomás de Aquino.

Estos renacimientos sintieron menos las bellezas de las formas y del color en la naturaleza que el Renacimiento de los siglos XV y XVI y demás países de Europa, y por ello carecieron del estupendo dibujo de Rafael, de las pinceladas y el golpe de cincel de Miguel Ángel, de la sangrante figura de Grünewald, del colorido ingenuo y diáfano de Fra Angélico y del verso lleno de pasión amorosa de Petrarca; pero en cambio, en vitrales y ojivas en pensamientos y oraciones, supieron llegar a lo más profundo del corazón humano para hacer un llamado fervoroso al propio hombre; es que hubo más humanismo en aquella tradición que viniera de Justino Mártir hasta Tomás Moro, pasando por el inmenso Agustín, el teólogo por excelencia Anselmo y el compendiador de todo saber y gracia, Tomás de Aquino.

Es que hay dos grandes humanismo: el clásico, heleno-romano y el humanismo cristiano. En el humanismo de la venturosa Grecia se persigue con 'preferencia la *sophia* para encontrar y gozar la felicidad mediante la verdad. El amor por el saber hizo descubrir la *helikia*, es decir, la vida, no por la simple contemplación sino por la acción que llega a plasmarse admirablemente en la tragedia. En el humanismo de los romanos se vive la ley justa con un alarde de equilibrio social y la poesía santa, la dulzura de los campos cultivados y la fuerza de las armas en la conquista de los pueblos.

Pero faltó a este humanismo la *charitas* cristiana, la fe en algo sobrenatural y divino, y la misma esperanza en su más profunda raíz teológica. El griego vivió la serenidad del tiempo presente, no tuvo memoria ni tampoco visión del futuro. Por esto mismo nos dice Oswald Spengler: "Diese reine Gegenwart, deren groesster Symbol die dorische saeule ist, stell in der Tat eine Verneinung der Zeit dar". "Was der Grieche Kosmos nannte, war das bild einer Welt, die nich wied, sondern ist. Folglich war der Grieche salbs ein Mensch, der nienals wurde, sondern inmer war". "Ese presente puro, cuyo símbolo supremo es la columna dórica, representa en realidad una negación del tiempo. Lo que el griego llamaba Cosmos, era la imagen de un Universo que no está siendo, sino que es. Por consiguiente, era el griego mismo un hombre que nunca fue siendo sino que siempre fue.

En cambio, el cristiano inicia una manera nueva de emocionarse, de concebir y de vivir la existencia. Excluye lo que sus sentidos captan en el presente y encuentra en la infinitud y en la perfección eterna el refugio de todos sus actos.

Por eso mismo, el humanismo clásico es *eros* como intento de pureza espiritual para captar las esencias y las *eidó*, y el humanismo cristiano de San Agustín toma la fuerza del *eros* como amor hacia los hombres y con el objeto de llegar a *ágape*, o sea, la donación ilimitada de todo lo que el hombre puede entregar de saber y de bondad. Dios no es eros, sino caridad y ágape, la benevolencia, *velle bonum allies*, pertenece al ágape, como el eros es *velle bonum sibi*, el buscar el bien para sí. El amor en el filósofo griego, nos dice Friedlander, es un movimiento ascensional del hombre que se repliega del mundo sensible para refugiarse en el suprasensible de las Ideas eternas, de perfecta e incorruptible hermosura. En cambio el *ágape* es una búsqueda de lo divino pero es un amor quintaesenciado de entrega a la humanidad.

Desde entonces Europa viene siendo el compendio de tres grandes luminarias: *Evangelium*, la *ratio* y la *patria*. El *Evangelio* ha venido de la vieja Jerusalén, es la donación de la gracia, la *ratio* ha llegado de Grecia a través de la Lógica y de la Ciencia, viene siendo el contenido del Logos, que es sustentáculo de comprensión del universo, y la *patria* es la ley forjada por Roma, el principio de justicia realizador y toda convivencia honesta de los hombres.

A estas tres fuentes de sabiduría corresponden tres ideas básicas. *Credere* es la primera afirmación de Europa, *Intelligere* es la segunda y *Agere* es la tercera. La primera lleva la Gracia, la segunda el Logos y la tercera la Conciencia de solidaridad al amparo de la ley. Por esto mismo San Agustín es el verdadero forjador de Europa, esta Europa que vive a pesar de que los huracanes tratan de destruirla, pues su existencia es eterna y que logró hacer los desposorios de esa filosofía enraizada en las mentes de Platón, Plotino y Aristóteles, de ese Derecho que fluyó de las sentencias de Ulpiano y Papiniano y de esa verdad revelada que se encuentra en los Evangelios de San Mateo y San Juan.

Era natural que este humanismo cristiano no sólo hiciera hincapié en los fines e ideales que hay que alcanzar, sino en los medios que por desgracia se han olvidado. En los bellos *Diálogos* de San Agustín encontramos en esta senda que todavía es magnífica y está llena de esplendor. Para llegar al verdadero conocimiento hay que tener los ojos sanos, es decir, sin mancha corporal, mirar y ver. *Oculis animae mens est, ab omni corporis pura, id est.* La razón es la mirada del alma; *adspectus animae ratio est*, pero a la visión es la virtud que exige recta y perfecta razón. *Virtus vocatur est enim virtus vel recta vel perfecta ratio.* Para tener una mirada sana se exigen los poderes dulcemente bellos de la fe que viene siendo la visión del objeto que ha de mirarse y en donde está la dicha. *Fides qua creadat ita se rem habere, ad quam convertendus adspectus est, ut visa faciat beatum.* La esperanza de algún día de que realmente se verá la caridad es el desborde de todo lo que de espiritual tiene el hombre.

Dentro de esta corriente humanista encontramos la Universidad Real y Pontificia de México, pero también debemos encausar el resurgimiento de nuestra Universidad actual, ya que no es humanismo superficial, sino el más hondo y el más profundo que la historia ha podido crear. No es cierto que la Universidad sea otra a través de los tiempos. Es que en el fondo late un mismo espíritu, el del hombre integral cuando él sabe que sus raíces están en la tierra y sus fines en los ideales supremos de la belleza, de la bondad, de la justicia del bien y de lo divino.

Para lograr este resurgimiento no sólo debe exigirse leer a Virgilio, Cicerón y Horacio, no únicamente gozar las bellas metáforas homéricas o sentir las tragedias insondables de Esquilo, de Eurípides, de Sófocles. Hay algo más, es el de vivirlo intensamente, el de sentirlo como necesario para nuestra integración personal. El deleite que entregan los versos de Terencio, Lucrecio y Catulo de la Roma victoriosa, el goce de las exquisiteces poéticas de Píndaro, o de la risa sarcástica de Aristófanes, la admiración ante las oraciones de Demóstenes y Esquilo, llegarán a ser el preámbulo de una manera de pensar más profunda, de un sentimiento más afín con la dignidad y de una voluntad que hagan realizables esa sentencia que como pendón ha llevado la Universidad en su cuarto centenario de vida y que dice: *Novi Lux orbies Quater Seacularis Anima Patriae.*

# LA CIENCIA

La Ciencia. ¿Dónde encontrar su raigambre humanista? ¿Cómo encausarla por el sendero que las lenguas clásicas ya contienen y que nunca han perdido ni jamás han olvidado la filosofía de Grecia y del cristianismo? ¿Pero es que la Ciencia la olvidaremos porque presenta asombrosos descubrimientos que sólo fueron incluidos en poetas como Lucrecio, o se manifiesta en poderes desencadenados sólo comparables a esos arrebatos de Zeus en los poemas de Homero, o hace sondeos de lo infinitamente pequeño así como de lo infinitamente grande como lo pretendieran las catedrales góticas y trata de encontrar el por qué de la vida y de la materia como fuera el deseo vano de los alquimistas?

Para descubrir el fondo de la cuestión es necesario que veamos qué es lo que significó en aquellos tiempos idos la Ciencia y qué debe significar en el momento actual. Una gran tragedia ha obrado sobre ella y consiste en que se la ha deshumanizado. Se ha creído que ella es independiente de la existencia humana y no tiene ninguna referencia a las angustias, preocupaciones y sufrimientos que pesan sobre el hombre en este cruel momento histórico que vivimos.

La razón básica de esta deshumanización de la Ciencia es que se ha perdido la visión clara de su esencialidad. Arrastrada por la técnica y por la destreza, ella olvidó al hombre mismo y envuelta en un torbellino se alejó más y más del origen de todo lo creado, de toda bondad y de toda fuerza espiritual. La deshumanización empieza en el Renacimiento de los siglos XV y XVI, en la pérdida de la concepción de lo divino y de lo humano en la filosofía de Descartes, en el desarraigo de su naturaleza última a través del Iluminismo o Filosofía de la Razón, más tarde, en la preferencia por el yo absoluto del Idealismo Alemán y por la blasfemia que de la esencia tuvo el movimiento más nefasto que ha recibido la historia: el Positivismo.

Las consecuencias las estamos sufriendo cuando los últimos descubrimientos de la Ciencia no son un consuelo a los sufrimientos y dolores de la humanidad, sino una triste llamada a un futuro en donde las ciudades con sus templos y palacios, universidades y museos, hombres, mujeres y niños nos veamos destruidos por el poder de lo que el hombre ha descubierto en las entrañas de la propia materia. Es natural que en un ambiente de tanta incertidumbre nazca, como filosofía victoriosa de la nausea, de la existencia, la de la asquerosidad en el vivir, la del desprecio por todo lo valioso y la desesperanza sin refugio en la nada.

Hay un pensamiento que inicia la deshumanización de la Ciencia, viene también del Renacimiento la referencia. Y todavía se está enseñando en nuestros tratados de nuestra iniciación filosófica; se dice que a fines del Medioevo y en los comienzos del Renacimiento, las ciencias de la naturaleza empezaron a llegar a su plena madurez "y así como un fruto cuando está en sazón se desprende de la rama que lo sostenía, sucede con las Ciencias de igual manera, quedando independizadas de la Filosofía".

Con ello se da a entender el porqué la física se desprendió de la filosofía y lo propio ha ido aconteciendo con las demás Ciencias hasta llegar a la Psicología o Ciencia del alma. Según este criterio es de esperar que en tiempos no muy lejanos se desprendan de la Filosofía por su madurez, la Ética o "tratado de la bondad, la Estética o "tratado de la belleza", y así sucesivamente hasta quedar tal vez sola la Metafísica, y aun ella muriéndose poco a poco por su vana ambición y su falta de fundamentos. Triste y desconsoladora visión para la Filosofía, para el futuro. En realidad es una explicación demasiado ingenua, no va al descubrimiento de este drama deshumanizante que estamos perfilando. Se cree que, por lozanas y radiantes de vida, las Ciencias han buscado un ambiente más propicio para su desarrollo y, en cambio, la Filosofía va perdiéndose en la inseguridad de la existencia.

Por eso mismo, se está hablando de una filosofía radicada en objetivos particulares y en ambientes limitados por el tiempo y la historia. Por ejemplo, se dice que hay que hacer una filosofía de lo mexicano, que hay que elaborar una filosofía americana, y no se ve con claridad que lo único que se hace es Ciencia Psicológica del hombre que habita la República Mexicana, y que el intento de hacer filosofía americana es tan vano como aquél otro que pretendiera hacer matemáticas diferenciadas de las matemáticas argentinas.

Es muy natural que se esté perdiendo la noción esencial de lo que es filosofía, tratado de esencias, de eternidades, de permanencias absolutas y se quiera encontrar en lo contingente la substancia de lo mismo. Por ventura en este momento se inician ensayos filosóficos que tratan de recuperar el dominio propio de la Filosofía, así como también de traer a las Ciencias a su verdadero sendero.

Se ve en este momento como lo fundamental de la filosofía consiste en enfrentarse con el problema de las trascendencia, y esto lo encontramos en todas la épocas en que ésta disciplina ha sido auténtica filosofía. Lo mismo en Grecia, en la escolástica, en el pensamiento fluido de Leibniz que en la especulación de la razón de Husserl. En esta reconstrucción se descubre que mientras la filosofía siempre ha ido o irá a la trascendencia en busca del ser, la Ciencia va al mismo fin, pero para ello está encargada de descubrir la naturaleza del ente y con ello ahondar su ser.

Husserl trata del problema trascendental del pensamiento lógico, Heidegger trata de esclarecer la estructura temporal de dicha trascendencia y para ello realiza la hermenéutica del hombre. Scheller trata del problema de la percepción y de la realidad buscando la metafísica de dichas situaciones por el lugar que el hombre tiene en el cosmos; Nicolai Hatmann va también a la investigación de la realidad trascendental en una nueva ontología; Heisenberg, Weil, Schrödinger y otros físicos como Einstein y Planck investigan el principio de causalidad, la forma del Universo, la naturaleza de las ondas también en el campo de la trascendencia. Biólogos y antropólogos como von Baer y von Nanakov, Bally, Hediger, así como historiadores de la talla de Huizinga, orientan sus estudios en este mismo sentido y todo para aclarar la posición de la Ciencia en el campo de la existencia humana.

Wilhelm Szilasi siguiendo este mismo derrotero en su conferencia intitulada "Wissenschaft als Philoosophie", ("La Ciencia como Filosofía"), y en su obra más reciente *Macht und Ohnmacht des Geistes* (*Potencia e Impotencia del Espíritu*) nos da los nuevos aspectos que es necesario comprender para señalar la unidad de la filosofía y de la Ciencia.

Efectivamente, se trata en el momento actual de ligar la Ciencia a las nuevas interpretaciones de la existencia y para ello revisar el contenido de la primera desde sus manantiales, es decir, en la propia sabiduría helénica. Así como la Escolástica buscó en el pensamiento de Aristóteles los fundamentos del ser a través de los primeros principios para formar un cuerpo único de filosofía y religión; así San Agustín y su continuador San Buenaventura fueron a abrevar en los pensamientos de Platón y Plotino para descubrir la naturaleza de las Ideas Supremas, de Lo Uno y del Sumo Bien y aprovecharlo para comprender las enseñanzas cristianas; así también ahora se trata de ver profundamente cuál fue la relación existente entre la Filosofía y la Ciencia en aquellos pensadores.

No cabe duda de que la Filosofía recogía en su seno a la Ciencia en esta cultura griega, pero no porque la Ciencia no tuviera la lozanía que actualmente presenta, ni tampoco por un error de apreciación en su valor, sino por un principio, por una tesis básica, que desgraciadamente se ha olvidado y que es fundamental.

Platón y Aristóteles siempre entendieron la Filosofía y la Ciencia como simple Ontología. El tratado del ser y, aun más, del ente, estaban tan armónicamente construidos que era imposible discurrir acerca de la causa última de la Idea, sin pensar, al mismo tiempo, sobre la naturaleza del pensamiento lógico la virtud moral, la realización de la belleza, el sentimiento de lo divino y la mejor intelección del universo. La misma Lógica tuvo su fundamento en la Ontología y por ello no es de causar sorpresa que sus principios últimos los encontramos en la Metafísica del estagirita.

La Filosofía sobre la base firme de la Ontología, de la Metafísica, de los primeros principios tenía que relacionarse con todas las cuestiones del ser por una parte, y por otra, del ente con referencia al Logos y siempre aprovechando los recursos de esta Ciencia ejemplar, el asombro a que hacen referencia los filósofos cuando encontraban las verdades y los descubrimientos de dicha disciplina era una actitud de honda y profunda contemplación ante el misterio descubierto. Nunca fue un apaciguamiento quietista, todo lo contrario, fue un entusiasmo máximo ante la maravilla y grandiosidad del ser y su aparente inabordabilidad del ser.

¿Qué es el ser? ¿Qué es el ente? Dos preguntas que forman unidad. La primera nos lleva al problema a subjetivo de la comprensión del ser, la segunda al problema objetivo de la determinación del ser del ente.

Ahora bien, la filosofía abordó el problema más difícil, el del ser y encargó a las Ciencias la investigación de los entes, dejándolas en el campo de la experiencia y de la reflexión, pero siempre guiándolas con su espíritu de nobleza y de dignidad.

Así es como la geometría escrita por Euclides es un bello tratado ontológico de las formas regulares que se empieza desde el punto hasta el espacio real y efectivo. La física escrita por Aristóteles es una exquisita descripción del Universo en donde no falta el principio de finalidad sobre la más bella senda de perfección, así como un espléndido tratado del movimiento en su más amplio sentido.

Con cuánta razón se descubre en la tesis aristotélica la búsqueda siempre de los componentes materiales del mundo para llegar a las nociones de los elementos primarios, la materia efectiva, la forma o apariencia, la potencia y demás doctrinas que le conocemos. Ya Estratón Lampsakos se refiere a la importancia de la experimentación y bien sabido es todo ese bello bagaje de conocimientos matemáticos que desde Hipócrates de Chios hasta Euclides de Alejandría son orgullo de Grecia ejemplar. De la obra física de Arquímedes, de la matemática de Apolonio de Perge hasta la geografía de Eratóstenes y la mecánica alejandrina, todas muestran la misma tendencia de una fundamentación ontológica en cuanto a la búsqueda del ente. El mundo romano sigue la misma senda y Lucrecio engalana con poesía las más bellas inspiraciones científicas sobre la naturaleza y el universo. Cicerón toma su fuente de conocimiento de la Ciencia griega; Virgilio escribe sus *Geórgicas* inspirado en el mismo manantial; Séneca, Plinio, Terencio y Marcial conducen este bello saber hasta el coronamiento de la astronomía antigua con Hiparco y Ptolomeo, y tanto más que es inútil referir.

No cabe duda de que se encontraba fuertemente establecida la interpretación filosófica del ser con el esclarecimiento filosófico del qué del ente. Los dos planos para llegar a una sola unidad y a un sólo principio.

La Filosofía y la Ciencia en la Edad Media supieron conservar estas mismas relaciones. Pero entonces había nacido una ciencia superior, una filosofía de coronamiento: la Teología. Y fueron vasallas las primeras de la última. Pero con qué orgullo se conservaron entregando a la Patrística las más notables lucubraciones de la dialéctica platónica; y a la Escolástica las más hondas concepciones del ser y del conocer.

Todo era unidad, el hombre se había encadenado a lo infinito y a una vida de beatitud, y con ello el himno maravilloso que la *Divina Comedia* es una continuación de la bella ciencia y un canto de la hermosa religión.

Aparece entonces el drama de la Ciencia a fines del Renacimiento. El hombre se desliga o tratar de desligarse de lo trascendente, busca refugio en su mísero ser y no sólo hace esto, sino que únicamente atiende a una parte de su nobleza, a la razón. Cuando comparamos la argumentación de San Agustín con la de Descartes en lo que respecta a la fundamentación del ego, encontramos en el santo la más bella y pura fundamentación humanista. Yo creo, luego soy, yo pienso, luego soy, yo deseo, luego soy; yo tengo todas la actividades despiertas del espíritu y las exigencias del ser humano, luego soy; en cambio, en Descartes únicamente se encuentra: yo dudo, luego pienso; pienso, luego soy.

¡Qué reducción y limitación tan lamentable! El hombre ha perdido toda la fuerza de su más íntegra humanidad. Sólo es un ser de pensamiento, de razón, ha cierto olvidar su pensamiento y su voluntad, y con ello ha arrojado de su bajel el "asombro" de los griegos, "la fe y la caridad" de los cristianos; el entusiasmo y la abnegación, la emoción hacia lo desconocido y la serenidad de lo revelado, y sólo se conforma con el silogismo de la razón y la inducción sobre la base experimental que le conducirán a una interpretación mezquina.

Ha empezado la huída de la Ciencia, el desamparo del pensamiento filosófico. Más tarde, ya en la época moderna, van a favorecer este alejamiento las ideas de la filología y la teología protestante, confianza absoluta en el hombre del hombre mismo, atención únicamente al conocimiento; formalismo aun para las categorías ontológicas, ideas que se dialectizan, naciendo de la razón para convertirse en historia, principios racionales que tratan de explicar la naturaleza última de Dios. Kant, Hegel, Schleiermacher son los representativos de esta nueva manera de pensar.

El hombre amante de la sabiduría y de la Ciencia, se derrumba más tarde en las visiones idealistas de mayor radicalidad. Yo Absoluto, Identidad Absoluta, Idea Absoluta, Yo Puro, toda una serie de donde se va perdiendo, momento a momento, la naturaleza del hombre y se trata de encontrar una razón deshumanizada y diametralmente opuesta a la naturaleza divina. A pesar de los intentos de Leibniz, ese gran formulador de la armonía preestablecida, la Ciencia y la Filosofía se han perdido en un horizonte sin límites precisos y por ende, sin auroras ni crepúsculo, sin corazones ni alientos.

Lo más que domina en aquel entonces es la Teoría del Conocimiento, la exaltación de la razón llegará a su cumbre en los filósofos neokantianos para sostener la tesis de que el pensamiento llega a ser en último término, el creador del propio mundo. Pensamiento afín con la fundamentación más amplia del cálculo infinitesimal.

Por último, la idea positivista mezquinamente filosófica, aparece con una pobreza lamentable tanto en el campo de la Ciencia como en el de la Filosofía. Siguiendo la trayectoria del Empirismo inglés, cree sólo en la virtud que es útil y beneficiosa para el mayor número de hombres, pero no en forma espiritual, sino en provecho para los sentidos. Pregona que la humanidad ha pasado por dos épocas retardatorias, la Teológica que creyó en Dios y la Metafísica que trató de abordar lo vago de la cosa en sí. Debía dominar la era positivista ese intento de hacer valer únicamente la experiencia y esa tendencia atea e incomprensible de lo ontológico que siglos antes habían escudriñado y afirmado con criterio de superación.

La filosofía casi desaparece ante estos teóricos de la efectividad. Lo útil, lo pragmático llega a ser la cumbre de la satisfacción, consecuentemente, la voluntad de poderío, y la filosofía del "como sí", dominarán en seguida; sin bases en un concepto superior de la divinidad, sin cimientos en el ser y en los valores espirituales, la humanidad se encarrila por el aprovechamiento mejor de la vida biológica hasta llegar, por un lado, a los desastres lamentables de la historia contemporánea, y por otro, a la famosa filosofía existencialista de la nausea, de la asquerosidad de la vida; torbellino que de manera magistral han podido representar intuitivos del pincel, de la rima, de la plástica, de la sonoridad musical en íntima comunión con las tertulias de cafés parisinos y de velocidades neoyorquinas.

Pero ha llegado el momento del regreso, la oveja descarriada ha tornado. La Ciencia llama a la puerta de la Filosofía de la Unidad, de la esencialidad humana para el encuentro de lo trascendente. Es el momento en que vivimos, a pesar de todas las tentativas de destrucción, de suicidio, de las ruidosas nauseas de los destinos que cifran su liberación en la muerte y de los delirios que van tras la construcción de armas infernales para el acabamiento de la cultura y de los hombres. A este regreso hemos llegado venturosamente y nuestra Universidad, en su glorioso cuarto centenario, debe abrir las puertas de par en par para responder dignamente ante el futuro y ante la humanidad.

Para señalar las características de ese retorno de la Ciencia a la Filosofía es necesario precisar cómo puede realizarse, cuáles son los grados y las trascendencias que hemos olvidado, en qué consiste este retorno a pesar de que la Ciencia es una maravilla en el momento actual de que la Filosofía es el encuentro de mundos nuevos jamás vislumbrado en la antigüedad, y de que las artes son la expresión más exquisita del sentimiento estético del hombre.

Este retorno no es, de ninguna manera, un deseo de rehabilitar la ciencia griega o el arte romano; sino de aprovechar toda esa contribución científica que el mundo presente ha llegado a realizar, todas esas ideas y métodos filosóficos que los intelectos han creado en estas últimas décadas para integrar una ciencia humanizada sobre una base de responsabilidad moral y un propósito de justicia social. No se trata de que la ciencia aristotélica de la naturaleza prevalezca en este momento, la física moderna es una maravilla en el campo del átomo y de los rayos cósmicos, la matemática moderna se ha internado en los más profundos problemas de lo infinitamente pequeño de los grupos y de los conceptos geométricos con singular maestría; y así todas las Ciencias, hasta llegar a la historia, nos entregan aportaciones generales elaboradas en milenios de años para orgullo del espíritu humano. Se trata de ir a lo esencial de la Ciencia, aquello que no ha cambiado y que tiene lo mismo el pensamiento de Euclides que el de Hilbert, lo mismo la investigación naturalista de Aristóteles que el descubrimiento de la vida de los últimos biólogos.

Eso es esencial, es lo que se ha olvidado y corresponde a los intentos de trascendencia. La trascendencia subjetiva de la filosofía y la trascendencia objetiva de la Ciencia. Por el primer camino podremos encontrar el ser humano en su integridad; por el segundo, fijar el destino de las más grandes conquistas de nuestra Ciencia sobre la base de una vida superior y fundamentalmente de una moral auténtica.

La filosofía debe servir en su búsqueda de la naturaleza del ser, la Ciencia en su investigación sobre el ser del ente. La primera tratando de llegar a la transfinitud y la segunda a la finitud con miras a la misma transfinitud.

## TRANSFINITUD FILOSÓFICA

La doctrina sobre la naturaleza del intento filosófico hacia la transfinitud la encontramos, en un principio, en Sócrates y Platón al hablarnos sobre la naturaleza del *sophos* o filósofo. Todo amante de la sabiduría lleva en su interior un demonio, no se es filósofo por gusto y aceptación posterior, sino por una verdadera condenación. Es este intento de gran pecado, corresponde el deseo de transponer lo finito, y no con un simple paso, sino a saltos dialécticos e impulsos espirituales. Sobre una base llamada hipótesis hay que aplicar el impulso u *hormé* para escalonar la *epíbasis* y llegar a la tesis.

Dice Platón en su bello diálogo *Symposion:*

Eros es necesariamente un filósofo. Eros es hijo de Penia y Poros, por ello es un pobre rico en recursos".

"Todo lo demoniaco es algo intermedio entre lo mortal y lo divino".

Estas sentencias, que se refieren a una genuina manera de filosofar aunque han sido justamente apreciadas por pensadores como Guardini, Scheler y otros, nos descubren ese intento supremo hacia la transfinitud en el espíritu filosófico. Ellos llegan a las siguientes tesis fundamentales: el filosofar es una tarea vital, no es una simple ilustración sino una auténtica sabiduría viviente. El filósofo, por la naturaleza de su tarea, está colocado entre lo divino y lo mortal; es un ser endemoniado porque no respeta lo hecho y lo percibido. Toda su labor es llegar a la transfinitud.

Heidegger agrega que además de que el hombre es un ser transfinito, es también "un campo abierto a la nada". Tesis que no admitimos de ninguna manera. Para nosotros el hombre es un campo abierto, en primer término para el ser, es decir, la transfinitud; y más tarde para Dios, que es el Ser manifiesto en toda su actualidad.

La transfinitud es el ideal de la filosofía, por eso el hombre encargado de esta tarea trata de llegar a una absorción superadora, siguiendo un proceso de enorme impulso y realizando la Aufhebung hegeliana.

El proceso dialéctico es el único camino que puede conducir a la transfinitud en su movimiento ascensional, yendo a esta región cual remolino en espiral, en una intimidad de comprensión y extensión crecientes hasta el infinito.

Efectivamente, esta progresión ideológica conduce al espíritu del simple hecho a lo definitivo, al ser y a la substancia. "El ser demonio no es un pecado entitativo sino una desgracia ontológica" dice García Bacca, y agrega: "Yo no quiero de ninguna manera resucitar con mi cuerpo ni con mi ama. La muerte mejor, la transfinitud de la vida me libera de la materia en cuanto límite, la transfinitud de la vida superior llegará a derribar cada uno de tales límites; la lógica como límite y tipo fijo del pensar, las matemáticas como límite y tipo fijo del pensar sobre pluralidad y orden, la Teología como límite y tipo fijo del pensar sobre el infinito. Surgirá ciertamente, a mi transfinitud otros límites más sutiles, más amplios superables también, mas no volverán los anteriores. Espero sólo superación ascendente hacia Dios, hacia el infinito, de otra finitud concreta por la virtud esencial de mi trasfinitud".

Ideas similares encontramos en dos penetrantes filósofos modernos: Hegel y Nietzsche para explicar dicho proceso. En *Also Sprach Zarathustra*, Friedrich Nietzsche ha dicho refiriéndose al conocimiento filosófico. "El hombre es un puente entre la bestia y el superhombre. Una cuerda sobre un abismo. Peligrosa travesía, peligroso caminar, peligroso mirar atrás, peligroso pararse. Lo grande del hombre es que es un puente, un tránsito y no un acabamiento".

Hegel, años más tarde, nos ha hablado extensamente de esa virtud de absorción superadora que une al hombre a la trascendencia.

## LA TRANSFINITUD EN LA CIENCIA Y EN LA RELIGIÓN.

Tal es el intento de la Filosofía pero quedan a la vista dos campos por examinar, el religioso y el científico. En el campo de la Religión, la transfinitud tiene a Dios, en el de la Ciencia sólo es un intento de cuanto busca el ser de ente.

Si en el campo de la Filosofía el filósofo es un ser mortal que tiende a lo divino, en el campo de las Ciencias es un ser mortal que investiga lo transitorio para descubrirlo permanente y transfinito, y en la Religión el hombre es el buscador de lo eterno en su propio yo y en la obra creada.

La Ciencia trata de encontrar la naturaleza del ente en el campo de la finitud y pudiera representarse por una recta horizontal; la Filosofía trata de llegar al conocimiento del ser en el campo de lo trasnfinito y es semejante a una tangente que se desprende, unas veces de la curva científica para llegar a campos no limitados, y otras veces sobre el ritmo del tiempo y del espacio, como ideas que van en ascenso dialéctico a regiones del transfinito; y el anhelo de la Religión viene siendo como una asíntota que, en sus realizaciones superiores va acercándose a la infinitud, o sea, a Dios.

Cuando nos referimos a la Ciencia estamos en el campo de la finitud, es decir, del ser particularizado. La Lógica es el intermedio entre la Filosofía y la Ciencia, por eso se refieren al ser desrealizando en forma de *ens rationis*.

En la Ciencia todo descubrimiento es una sorpresa y una satisfacción, en la filosofía el encuentro de una verdad es un asombro, según la connotación griega de *thaumasos*, y en la Religión el descubrimiento de toda la plenitud del espíritu en plena realización.

Con cuánta razón Gabriel Marcel ha señalado una diferencia de este tipo. En la Ciencia existe el saber de substitución, supuesto que se pasa de un ente a otro continuamente. En la Filosofía hay el ser de profundidad, ya que en cada época de la historia, a pesar de analizarse los mismos problemas jamás se sacia el espíritu. En el campo de la Religión, existe el descubrimiento del misterio. Ahí la sed se sacia plenamente con una sola gota de rocío que ha dejado la noche eterna de lo incomprensible y luce ahora en maravilla el arco iris de la luz espléndida de lo divino.

# CARACTERÍSTICAS HUMANAS DE LA CIENCIA.

## a. Proyecto de comprensión.

Ahora bien. Se habla, para señalar las características de la Ciencia de un proyecto de comprensión. Hay una manera de comprender el sujeto trascendente, por esto mismo, al *intentio* o dirección de la conciencia le corresponde un carácter definitivamente científico. Es, según la intención cambiante la que nos entrega, por ejemplo, el que de este ente que

somos nosotros mismos, problema ampliamente resulto por Heidegger
en su magnífica obra *Sein Und Zeit*, explicada por nosotros en el seno
de la Facultad de Filosofía y Letras hace exactamente 23 años, cuando
iniciamos en México la exposición y crítica del Existencialismo, apenas
aparecido el famoso libro que trajéramos fresco en las imprentas alemanas.

Dentro de este proyector de comprensión, la Filosofía hace hincapié
en la importancia de lo "mostrado", lo puesto de "manifiesto" como
característica esencial de la verdad, ya que la Lógica viene a ser un
capítulo de una auténtica Ontología.

En este mismo proyecto de comprensión es necesario hablar, como
Heidegger, de una proyección de horizonte trascendental así como de
una infinita cadena de proyectos a medida que se realiza este intento
supremo del hombre que es el saber, intento bellamente mencionado por
Aristóteles en la primera parte de su *Metafísica*.

Los proyectos trascendentales enderezados al saber de las Ciencias
van desde la forma ingenua hasta las formas más complicadas. En
Aristóteles es el intento de descubrir la fundamentación unitaria de las
posibilidades de comprensión del ente, es decir, al amparo de esa virtud
suprema que se llama *arché*. Más tarde, la Ciencia tiende a trascender
ese proyecto inicial empleando nuevos proyectos, y es entonces cuando
no sólo se tiende a lo real, sino a la objetividad, a lo cosístico, e intenta
una adecuación del pensamiento con la cosa misma. La comprensión
científica ahora se proyecta hacia la realidad y la objetividad. En este
caso los más diversos entes aparecen enlazados, no como por azar y en
horizontes indefinidos, sino repartidos en diferentes campos de cosas, en
una relación real, objetiva y sistemática.

En la época actual el proyecto de comprensión es diverso. En
este proceso de elaboración infinitesimal del cambio del horizonte de
comprensión, se ha llegado a hacer visibles fenómenos nuevos gracias a
la nueva radicalización y a sus nuevos fundamentos. Es por esto que la
materia que se había ofrecido como algo medible y sujeto a la geometría
tradicional, en este momento se revela a ambos intentos para estar sólo
sujeta a las determinaciones gravitatorias y electromagnéticas.

Se deja a un lado su estimación matemática tradicional, las
ecuaciones unívocas y se buscan nuevas ecuaciones campales que se
satisfacen, no con valores numéricos determinados sino con expectativas
de probabilidad y catálogos de estas expectativas. El concepto clásico de
naturaleza ya no basta, se intenta una nueva conceptuación y aquí es en
donde deseo puntualizar algunos asuntos de vital importancia.

Hace tiempo la mensurabilidad era un elemento absolutamente necesario y cierto, ahora hay tres condiciones de dicha operación que llegan a ser imposibles. No podemos disponer de unidades de medida constantes. Tampoco podemos hacer la medición directa del objeto mediante la aplicación de él de los patrones, y menos podemos hacer constancia del objeto y de la unidad de medida durante la medición. En cuanto a la primera exigencia fallan las magnitudes del tiempo y espacio que eran el proyecto clásico las más genuinas, con respeto a la segunda exigencia es difícil precisar si la operación de medir y el fenómeno medido pueden darse en simultaneidad de tiempo e identidad de espacio. Y por último, la tercera exigencia cae por tierra con los últimos descubrimientos de Ciencia atómica.

Esto quiere decir, además, que la predicción ha cambiado profundamente de naturaleza y en lugar de ser fatal y determinante es probable y sujeta a indeterminación.

## b. Momentos de la Realidad

Se habla también de momentos de la realidad. Son tres los más conocidos. Por el primero, el ser sustrato designa al ser real en todo encuentro antes de toda predicación como el ser que subyace y los predicados. Se refiere a la base previa. El segundo momento guía a la investigación en lo que se refiere a la captabilidad de lo real, es decir, al concepto de lo idéntico. Y por último, el tercer momento corresponde al poder ser que se fundamenta especialmente en las conclusiones de la filosofía aristotélica.

Hay varios modos de poder ser que, a medida que se profundizan los conocimientos de la Física, la Biología y las Ciencias de la Cultura, muestran su enorme adelanto y variabilidad. La Física llega a poder ser estatuida, la Biología a poder ser reguladas y las Ciencias a poder ser libres.

En todo este mundo de proyectos, de momentos de la realidad, de modos del poder ser, se tiene como base al espíritu humano, siempre dispuesto a dar su cariz a estos procesos. Cada intento es cambiable, cada proyecto de comprensión va modificándose, los modos de poder van estableciéndose según las épocas, en una palabra, la existencia ya no es independiente de la realidad científica sino que está viviéndose en ella misma como que es algo profundo y vital.

No puede hablarse en este momento de una Ciencia aislada de estos métodos de comprensión, de estos campos de poder y ser y de estos momentos de realidad. Todo lo contrario, el Dasein, o existencia humana, está en íntima relación con el mundo que maneja la Ciencia y ambas se condicionan y determinan.

La Hermenéutica de Dasein descubre el enlace de todos estos campos y entrega a una visión profunda de lo que la sabiduría significa en el campo de la trascendencia y de la transfinitud, buscada en primer término en la Ciencia, en segundo en la Filosofía y en último en la Religión.

## LA CIENCIA ESTRUCTURADORA
## DE LA EXISTENCIA

Es por ello por lo que la Ciencia sirve para estructurar la existencia en forma más integral. ¿Y cuál es esa forma integral de la existencia humana? Es la persona. Estructura que se logra cuando el hombre se integra plenamente por medio de la realización de los valores en forma de cultura.

La Ciencia tenderá de hoy en adelante a ser posible que el hombre llegue a convertirse en un ser culto. Ya no será únicamente una técnica de utilidad, de beneficio exterior y satisfacción pasajera. En cambio, servirá para llegar a ese saber culto que Max Scheler ha perfilado con caracteres precisos en su bella conferencia malamente traducida con el nombre de "Saber y Cultura". Él más bien se refiere a lo que en alemán se llama Bildung, que significa integración de la personalidad mediante la sabiduría o Wissen. Por esto mismo, el saber culto comprende la realización del microcosmos, además de la integración de la esencia humana.

Pero si nosotros estamos de acuerdo con el maestro, y con tanto deleite oímos en la Universidad de Colonia por lo que respecta al saber culto, en cambio no aceptamos que el conocer de la ciencia sea sólo un saber de dominio de la naturaleza. Es un saber sobre el ente, en el campo de lo finito, pero fundamentalmente una sabiduría inicial de trascendencia que sirve, al lado de otros procesos espirituales, para llegar al saber de la cultura, al campo de la integración de la personalidad unidad, ésta última, que es microcosmos y humanización pero que exige un paso más, el del tercer saber o sabiduría, el de la salvación en donde encontramos la transfinitud en lo eterno y la propia salvación de lo más noble que existe en el hombre: el espíritu.

# CONCLUSIONES

Sobre esta base ya podemos afirmar la integración de la Ciencia al campo de una Filosofía que siempre ha sido la misma en su esencia y en su finalidad. No obstante, lo adelanto de ambas especulaciones, la integración se exige más ahora que nunca, pues habiendo llegado a cumbres notables de investigación la Ciencia y de especulación la Filosofía, cabe precisar su mutua relación, beneficiosa para comprender el alcance de ambas y para precisar su propia enseñanza.

1. Es preciso dejar a un lado ese desprecio incomprensible para la Metafísica y la Ontología que el Positivismo y actualmente el Existencialismo han llevado a un extremo radical.
2. Es preciso estimar la aportación de pensamiento en su búsqueda de la verdad tal como lo hace la Fenomenología, pero sin llegar a las exageraciones neokantianas, excluyentes de lo verdaderamente humano.
3. Es útil y necesario analizar a los hombres de un país bajo los aspectos científicos de la Psicología, la Sociología, la Etnología y la Antropología Científica, pero sin confundir estas búsquedas con la Filosofía, pues en necesario tener en cuenta que la Ciencia es la investigación del ente variable para llegar al descubrimiento de su ser y debe tener por base la Lógica y la Ontología.
4. Es urgente comprender que la Ciencia debe descansar sobre los valores éticos, estéticos, justos y santos en su mayor pureza y que este intento debe realizarse para evitar el empleo de la misma para la destrucción de la cultura y de la humanidad.
5. Es también necesario pensar que jamás se llegará a resoluciones satisfactorias si la Filosofía no conduce al ser y a lo infinito, si la Ciencia no es un camino a este gran propósito y, en cambio, se ve la existencia del hombre a través de la náusea y se cree que todo conduce, en un sendero de liberación, a la muerte y a una libertad incomprensible por ser determinada y fatal. Es urgente resolver nuestras angustias, inquietudes y anhelos en el campo del optimismo y de la afirmación del ser.
6. Se puede y debe realizarse un humanismo integral tal como se pretendiera en la incomprendida y magnífica Edad Media, en sus renacimientos a base de completa integración del hombre bajo el

amparo de un ideal trascendente. Para ello la unión de la Ciencia y la Filosofía es una tarea de salvación.

7. La Ciencia, por sus características existenciales que ahora más que nunca se han puesto al descubierto servirá a la Filosofía para el encuentro del ser del ente, y con ello para el descubrimiento del ser.

8. La Ciencia es el primer peldaño en el campo de la existencia para realizar la cultura proporcionando las bases de la personalidad en el hombre mismo.

9. La Ciencia así estimada deberá tener por base todos los valores de la cultura, el de la belleza para deleite del espíritu, el de la justicia para el equilibrio de la convivencia social; el de la bondad para su justa aplicación y responsabilidad virtuosa; el de la política, o sea, la moral social para llevar a los pueblos por un sendero de felicidad y serenidad materiales y espirituales; y el de la religión para sustentáculo de un ideal supremo de verdadera aspiración y salvación de los poderes espirituales. Por último,

10. Los conceptos científicos no serán más que para el bien de la humanidad, su aprendizaje debe fundarse en la comprensión y convivencia de todos los pueblos, profundizando y afirmando la dignidad y la sabiduría a quienes la practiquen y la dominen.

He aquí señoras y señores un simple mensaje que sabios y filósofos, maestros y hombres de bien se encargarán de fundamentar para un futuro en que la Universidad llegue a cumplir la misma misión con que fue fundad, el mismo propósito que le diera el ilustre virrey don Antonio de Mendoza, el mismo espíritu que tuviera y sigue teniendo la famosa Universidad de Salamanca; y de esa manera no sintamos el temor de su avance, sino al contrario, el adelanto de la misma como un consuelo y una felicidad.

Salud

México, 30 de octubre de 1951.

Dr. Adalberto García de Mendoza
Universidad Nacional Autónoma de México.

# ¿CUÁL DEBE SER EL PAPEL DEL APRENDIZAJE DE LA CIENCIA EN LA INTEGRACIÓN DE LA PERSONALIDAD DEL ADOLESCENTE?

Por el Dr. Adalberto García de Mendoza, Jefe de Enseñanza de Matemáticas de las Escuelas Secundarias Particulares Incorporadas y miembro del Consejo Técnico de Supervisión.

La Ciencia constituye evidentemente, una aportación considerable a la integración de la personalidad del hombre en general. Como parte de la cultura, la ciencia es la expresión de la verdad de lo perceptible, formulada en axiomas, postulados, principios y leyes. Se encuentra al lado de los valores creados por el espíritu y proporciona un factor interesante para el progreso del hombre y de la sociedad.

Ahora bien, desde el Renacimiento, a la ciencia se le ha venido desvinculando constantemente de los valores más caros y estimables como la bondad, la belleza, la justicia y la santidad. Con el poder de la razón y de la intuición intelectual ha progresado abordando especialmente la experiencia y muchas veces logrando sus conquistas de la simple especulación. Ello ha dado lugar a considerar a la Ciencia como amoral, sin ninguna relación con la Ética, a filosófica, es decir, sin ningún enlace con el campo de la especulación trascendental de los Valores, de la Metafísica y aún de la Teoría del Conocimiento y de la Metodología en general. Como consecuencia ha progresado enormemente, pero sin atender a la bondad de sus conquistas, a la belleza de sus verdades, al aprovechamiento justo y equilibrado de sus dominios en beneficio de una felicidad siempre anhelada por el hombre.

El sabio que descubre la energía prepotente, capaz de destruir las más valiosas joyas de la Historia y el hombre mismo; se siente excluido de responsabilidad de su invento y él mismo lo considera más allá del bien y del mal.

En la enseñanza, al adolescente y al joven se les proporcionan los conocimientos científicos sin más empeño que el adiestramiento de su mente y la firmeza de sus conclusiones intelectivas.

Para mí, encuentro en este primer dintel el problema inicial que debe orientar la contestación a la pregunta que el H. Comité Coordinador de la Conferencia Nacional de Segunda Enseñanza, nos ha formulado como una primera encuesta a su ardua labor.

## El sentido humanista de la Ciencia

En primer lugar diré que el principio fundamental de la enseñanza del adolescente es que vaya gradualmente forjando su propia personalidad. Esto viene siendo el sentido claro y evidente de lo que constituye la cultura, que viene siendo, en los términos de mi querido maestro Max Scheler, una asimilación del macrocosmos, una acuñación de lo recibido para regresarlo con un ethos de superior grandeza y un ánimo supremo de realización de la escuela humana. La total integración de estos elementos forman al hombre culto que está más allá de la simple memorización de doctrinas, de la erudición y del enciclopedismo.

Más tarde me referiré a este aspecto de la integración de la personalidad, que siempre he estimado como la base de toda educación.

Estos conceptos sólo tuvieron valor para el campo del conocimiento filosófico y en ello estriba, según nuestro leal entender, el defecto de la tesis formulada por Max Scheler; pues bien sabido es que para tan ilustre filósofo, la ciencia es un solo peldaño, una técnica útil y su finalidad exclusiva es llegar al dominio de la naturaleza. En cambio para nosotros, como en cierta ocasión lo expusimos, la ciencia es mucho más. A la vez es un anhelo a la verdad pura lo que la alienta, el encuentro de la esencia y de la substancia que sólo en el saber culto llegará a descubrirse en toda su plenitud al investigarse la naturaleza del ser; además la ciencia siempre lleva el sentimiento más hondo de serenidad y de templanza que la verdad proporciona en su evidencia; da la seguridad al hombre, ya que confía en su razón como un primer término para su conducta en la vida; agudiza la intuición y la ideación para que más tarde, con el poder de la voluntad y de la emoción, pueda llegar a los dominios más serios y profundos del Universo y del espíritu. La ciencia es también un prodigio de belleza ya que sus conquistas tienen la armonía, la proporción y el equilibrio de este valor espiritual.

La ciencia es un peldaño, el primero de la educación del joven y del hombre en general, que puede ser orientada en el dominio pragmático, es decir, de la utilidad para la conquista y el dominio de la naturaleza; pero es necesario que ella se perfile en un camino de mayor hondura como es el de la responsabilidad de la propia existencia humana, el de la estimación de la bondad y de la belleza a través de la verdad misma.

## Problemática

Para poder fundamentar lo que he dicho trataré, en primer lugar, el problema referido al sentido humanista de la ciencia, especialmente en el campo de la moral, y sobre una base estrictamente filosófica. Este problema se impone desde luego, ya que de él depende la orientación que deba darse a la enseñanza de las ciencias en las escuelas de Segunda Enseñanza. Si logro resolverlo en el sentido de que existe una estrechísima relación entre la Ciencia, la Ética y la Estética, entonces deben sujetarse todos los programas de enseñanza científica a un propósito más alto que el puramente técnico y pragmático, para convertirse dicha enseñanza en un verdadero camino a la integración de la personalidad del estudiante. Integración sólo lograda con el amparo de los valores espirituales. Si, por el contrario, la separación entre la ciencia y la Ética y demás valores es manifiesta, entonces no vale el empeñarse en semejante tarea y deben impartirse las ciencias únicamente para hacer hombres diestros en la técnica y en la especialización sin mayor responsabilidad ante su conciencia moral y sobre todo ante la conciencia colectiva.

Para hacer notar esta diferencia, algunos doctrinarios imaginaron a la Filosofía con todas sus ramas primitivas como un árbol frondoso. A medida que los siglos transcurrieron, cada fruto fue haciéndose bello y lozano, pero a la vez fue separándose para formar un nuevo organismo independiente del primitivo. Es así como la Filosofía fue perdiendo sucesivamente las ciencias de la Matemática, de la Física, la Astronomía y demás, hasta llegar, en época reciente, a perder la propia psicología, ciencia del alma.

Ya en este ambiente de convencimiento separatista se hacían éstas preguntas: ¿Qué tiene que ver un postulado en el campo de la física y de la matemática con la belleza? ¿Qué tiene que ver una concepción del Universo desde el punto de vista físico-astronómico con la idea que podemos tener de un Ser Supremo? Preguntas todas ellas de contestación negativa según el ambiente en que ellas mismas se habían creado.

Ahora bien, vengo a este Honorable Comité con el propósito y la buena intención de convenceros de que la verdad es parte integrante de la cultura y ésta es un patrimonio de la humanidad. En otras palabras, la Ciencia debe establecerse sobre una base humanista, la más severa, máxime que en el momento actual ella llega a conquistas tan enormes que puede hacer peligrar la existencia de los hombres y aún la permanencia de nuestro propio planeta.

Para no ser ligero en esta argumentación vamos a seguir un proceso estrictamente filosófico y nos proponemos como primera cuestión la siguiente:

## ¿Qué es la Ciencia?

En 1945 Wilhelm Szilasi, en una magnífica conferencia intitulada "Wissenschat als Philosophie", "La Ciencia como Filosofía", se propuso este grave problema: ¿Qué puede representar la ciencia en su conjunto, para la totalidad de la existencia humana?

Al margen de esta enorme pregunta se propuso cuatro cuestiones también importantes:

a) ¿Por qué la posibilidad de la ciencia la lleva a despreocuparse de lo que más nos angustia en estas horas preñadas de destino?

b) ¿Por qué permanece la ciencia muda, en su racionalidad, ante la urgencia de orientaciones que nos permitan organizar racionalmente nuestra vida?

c) ¿Por qué nuestra fuerza mayor, la razón, se coloca al margen de los problemas que anidan la explicación del mundo y también al margen del esclarecimiento de la existencia?

Y como una réplica al interés que el hombre tiene por la ciencia, hace esta otra pregunta:

d)  ¿Por qué mantenemos relación con la ciencia, si ésta hace a un lado todas las cuestiones humanas, todos los problemas en torno a su propia misión y sentido dentro de nuestra convivencia, todas las interrogaciones concernientes al destino, el sentido humano de nuestros actos y nuestras obras, en una palabra, todos los problemas filosóficos que siempre tienen relación con el hombre?

Preguntas éstas que entrañan, ya de por sí, el colocar el problema de la ciencia en una situación más cercana a la filosofía fenomenológica de la existencia, y por ende, de las soluciones que sobre el valor de la vida humana se están dando.

## Razón de la deshumanización de la ciencia

La ciencia debe ocupar un lugar estrecho con el de la filosofía. Haberla desligado de su fuente y de su origen, es un error de los tiempos. Los filósofos griegos, profundamente compenetrados de lo que el hombre representa, ligaron estrechamente la ciencia y la Filosofía. He aquí una enseñanza de la antigüedad que jamás debemos olvidar. Con cuánta razón Rilke canta en un verso magnífico:

Aunque cambia rápidamente el mundo,
Como imágenes de nubes
Todo lo perfecto
Vuelve a la antigüedad.

"Heim zum Uralten". Esa antigüedad que no se ha comprendido suficientemente, que el mismo Renacimiento no supo interpretar, que el mismo Romanticismo no comprendió. Con cuánta razón Burckhardt ha dicho "los griegos tuvieron un conocimiento objetivo del universo y aún hoy debe seguir en el mismo derrotero", y Goethe afirmó la superioridad de las culturas objetivas. Estas palabras están referidas a aquellos conocimientos en que no se olvidó jamás la naturaleza del hombre y que, si se hizo ciencia, fue en favor de la naturaleza humana.

Las teorías filosóficas de Platón y Aristóteles así la comprendieron y la ciencia jamás dejó de pertenecer a la filosofía en sus sistemas.

¿Pero cuál fue la base de esta unidad? La de haber entendido como objeto fundamental de la Filosofía la Ontología, es decir, el tratado del ser. He aquí el sentido que nunca debe olvidarse si queremos comprender la significación de la filosofía clásica de la Hélade.

La Ontología explica las cuestiones del <u>ser</u> y del <u>ser del ente</u> por referencia al Logos, es decir, con los recursos de Logos.

Por esto mismo, en esta filosofía, se tuvo una contemplación estática, se llegó a un asombro magnífico, a un apaciguamiento quietista ante la grandiosidad del ser y su aparente inabordabilidad.

Si estudiamos la filosofía de Aristóteles encontraremos como tronco fundamental la Metafísica. El tratado fundamental del ser y el ente. Indudablemente preguntando a continuación sobre el ser del ente.

La filosofía se proponía entonces dos grandes cuestiones:

1. Conseguir una noción clara del ser y
2. Descubrir lo que es el ente en sí mismo.

Ahora bien, en este campo unitario, pero como un problema especial, se dejó la cuestión de <u>lo que el ente es</u> para la ciencia; cupo entonces formular la penetrante pregunta: ¿En qué modo de interpretación filosófica del ser y el esclarecimiento filosófico del qué, determinan el marco y la marcha o avance de la ciencia? Sólo la ciencia puede dar plenitud al esclarecimiento filosófico <u>del que</u> (ser) <u>del ente</u>, al hacer la interpretación del ser en el Universo investigado.

La interpretación de la ciencia en la Edad Media tuvo un aspecto semejante. Tanto la Patrística como la Escolástica fijaron en el dominio de la filosofía las ciencias y los resultados de ésta siempre tuvieron un contenido filosófico. La Teología dominaba todo el sistema de la cultura, era la filosofía más alta que va al dominio de Dios. La Filosofía y especialmente la Metafísica era considerada como la vasalla de la Teología. Pero no sobre una base de esclavitud, sino en la comprensión de ser un peldaño en este ascenso hacia la región de la perfección suprema.

Por eso mismo toda resolución científica tuvo una resonancia en la existencia del hombre individual y de los pueblos como conglomerados humanos.

Pero pasa el tiempo. En la Época Moderna las ciencias particulares adquieren autonomía y se dice, de la manera más ingenua, que son como los frutos que, los ya sanos, se desprenden de las ramas en las que habrán sido alimentados por un tronco común. Por ello, tanto en el Renacimiento como en la época Moderna, las ciencias creyeron ser suficientemente fuertes para desligarse de los principios filosóficos y vivir su vida independiente.

A la cuestión de la comprensión del ser y del qué del ente en la Filosofía y en las Ciencias se les sustituye por la dualidad de la cosa pensante y de la cosa extensa, res cogitans y res extensa, en el Renacimiento.

Un estudio interesantísimo sería el de mostrar las concepciones de Kepler, Descartes y Leibniz sobre las relaciones de la ciencia con la filosofía y cómo, bajo los objetivos de la conciencia, el yo, la libertad y la humanidad; Kant, Hegel, Schleiermacher, bajo el dominio de la Teología protestante, llegaron a formular teorías subjetivas respecto a la ciencia, desatendiéndose del problema del qué del ente.

Ya en la Edad Moderna se hizo poco aprecio de la Metafísica y aún de la Filosofía. Se trató de tener comunicaciones concretas con la realidad y la ciencia cada vez más y más vino a desplazarse del campo propio de la Filosofía. Filosofía que tiene por objeto la investigación de lo trascendente en su aspecto subjetivo, es decir, con referencia a la naturaleza humana, como en su carácter objetivo, elemento básico para la ciencia.

La ciencia corresponde en un sentido estricto y serio, a una investigación del ser del ente y a una preliminar investigación de lo finito para llegar a lo transfinito que es el objeto primordial de la Filosofía.

## Razón de las crisis

Esta disgregación de elementos que integran la Unidad ha sido el motivo de la crisis de todos los valores espirituales. Se han disgregado sucesivamente; la ciencia de la filosofía, la Divinidad del hombre, en el mismo espíritu se le dio preferencia absoluta a la razón, olvidando las demás facultades, al hombre se le separó de su íntima unión con la comunidad, la esencia de la existencia, y aún se ha llegado a destruir la naturaleza humana provocando y alentando la técnica mecánica sin referencia alguna a los poderes más profundos de la conciencia.

Este proceso es de desintegración. Se ha perdido la unidad de Dios, del hombre, y del Universo. Esta pérdida obedece a un problema fundamental, la rebeldía para respetar la autoridad. Al perderse ésta es indudable que ha venido la crisis y el mundo contemporáneo no ha sabido re-establecerse la jerarquía de los valores, la armonía y subordinación de las proporciones. Ese orden magnífico que la época helénica mantuvo en primer lugar y que la secundó la Edad Media. No en vano la definición de filosofía para Santo Tomás de Aquino es la de imprimir en el alma el orden del universo y sus causas, tampoco no en vano es que San Agustín haya escrito todo un libro sobre el orden y nos haya dejado bruñidas las siguientes frases:

Cum autem se composuerit et concinnam pulchramque reddideret audebit jam Deum videreatque ipsum fontem unde manat omne verum ipsumque Patrem Veritatis.

Más cuando el alma se ordena y embellece a sí misma, entonces es armónica y bella y puede contemplar a Dios, fuente de todo lo verdadero y Señor de la misma verdad.

Nam Ordinem ese dixisti quo Deus agit omnia.

Orden es la regla con que Dios dirige todas las cosas.

Ego autem solam propter se amo sapientiam.

Yo amo la sabiduría por sí misma.

Tampoco no en vano fue que Sócrates, Platón y Aristóteles alentaron la educación del joven ateniense sólo en vista de una finalidad ciudadana y humanitaria. Antaño todo era unidad; la historia, a medida que ha avanzado, ha ido golpeando la naturaleza humana y destruyendo lo esencial del hombre.

Actualmente sufrimos, o estamos en camino de sufrir una nueva desintegración: la esencia de la existencia y creemos que esta última basta para comprender los valores más altos por los que el hombre puede vivir. Por esto mismo, no es difícil descubrir, que la moral se acepta según las circunstancias cambiantes de la existencia, la libertad conduce a la nada y se impone fatalmente al hombre; las máximas conquistas del hombre son la angustia y la náusea más desoladoras que conducen, en último término, a la muerte o a la nada.

Pero no nos alejemos de nuestro tema. Tratemos brevemente el siguiente asunto:

## Relaciones de la Filosofía y la Ciencia

Sostenemos en primer término la unidad de la ciencia y la filosofía. Porque la verdad es parte esencial de la filosofía y de la ciencia, porque el estudio del ser y del ser del ente es la condición de la unidad del saber científico y de la sabiduría filosófica.

Pero si es natural que establecemos diferencias en los campos de la filosofía y de la ciencia, estas diferencias sólo se refieren a la actividad dentro de una obra común, el color en el campo de la luz, el acorde en el desarrollo de un trozo armónico.

Conforme a esta tesis la ciencia jamás dejará de ser independiente de todos los valores que la filosofía investiga y alienta, y tendrá que forjarse al amparo de esa idea matriz de la filosofía que viene siendo la integración de la personalidad humana y la conquista y salvación de los más puros valores que existen en la cultura gracias al reconocimiento de un poder supremo que sólo se descubre en el insondable campo de lo divino.

## La transfinitud

En la relación de la filosofía y la ciencia vamos a utilizar la tesis de la transfinitud. Doctrina de Platón y a la vez de Sócrates sobre las naturalezas del so hos, del demonio y del filósofo; el estar condenado a filosofar en el verdadero filósofo, la transfinitud humana y el proceso o método transfinito que es la vía dialéctica ascensional.

Ya García Bacca ha presentado la importancia de la doctrina.

Desde luego se trata de demostrar las siguientes cuestiones:

1. El filosofar es una tarea vital, es decir, el filosofar no es una simple ilustración, sino una auténtica sabiduría viviente.
2. El Filósofo, por su misma tarea, está colocado entre lo divino y lo mortal.
3. El filósofo es un ser endemoniado porque no respeta lo hecho y lo percibido. Tiende a lo transfinito y a la misma infinitud.
4. El hombre es un ser transfinito y un campo abierto a la nada. Tesis de Heidegger y que nosotros no admitimos de ninguna manera. El hombre es, en cambio, un campo abierto al ser, es decir, a la transfinitud y a Dios en donde el ser se manifiesta.
5. La transfinitud es el ideal de la filosofía, por ello trata de llegar a una absorción superadora, siguiendo un proceso transfinito y realizando la Aufhebung Khegeliana.
6. El filósofo es "Un pobre rico en recursos" y
7. El proceso dialéctico es el único camino para conducir al hombre en un movimiento ascensional, hacia lo transfinito, hacia la

idea de la belleza en sí, cual remolino en espiral hacia todos los objetos, en una intimidad trascendente de comprensión y extensión crecientes hasta el infinito.

Todos estos postulados deben analizarse para llegar a tener un concepto de lo que es la filosofía.

La ciencia no llega a la transfinitud porque tiene que ver con el ente, que es la manifestación del ser en el mundo.

La filosofía llega a lo transfinito y la Religión al infinito, a Dios. Filosofía es un tipo de vivir transfinito y por ello un asemejamiento a lo divino y una preparación para la muerte en una fuga del vivir.

Ahora bien, de los textos de Platón, especialmente sacadas de su bello Simposio, encontramos las siguientes frases que son definitivas:

"Fuerza me es vivir filosofando y ejercitándome a mí mismo y a los demás".

"El Eros es hijo de Penia y Poros, del pobre rico en recursos".

"Todo lo demoniaco es algo intermedio entre lo divino y lo moral".

Las sentencias indican que el filósofo es ante todo un ser mortal que tiende hacia lo divino.

Mismas ideas que reproduce Federico Nietzsche en su "Also Sprach Zarathrustra".

"Der Menscht iste in Seil, geknüpft zwischen Thier und Uebermensch, ein Seil Uber, einem Abgrunde.

Ein gefähliches Hinüber, ein gefähliches Auf–dem–Wege, ein gefähliches Zürickblicken, ein gefähliches Schaudern und Stehenbleiben.

Was gross ist–am Menschen, das ist–, dass er eine Brücke und kein Zweck ist: was geliebt werden Kann am Menschen, dass ist, dass er ein Ukergang und ein Untergang ist".

"El hombre es una cuerda entre la bestia y el superhombre: Una cuerda sobre un abismo. Peligrosa travesía, peligroso caminar, peligroso mirar atrás, peligroso pararse".

"Lo grande del hombre es que es un puente y no un fin, lo que se puede amar en el hombre es que es un tránsito y no un acabamiento".

Ya Hegel ha hablado extensamente sobre esta misma virtud de absorción superadora que une al hombre a la trascendencia.

Podríamos, para finalizar, representar lo finito como una recta horizontal, el intento filosófico que intenta llegar al conocimiento del ser, a lo transfinito, como una curva y el anhelo de la Religión como otra curva que va a lo infinito, o sea, Dios.

¿Qué comprende lo finito?

Cuando decimos que la ciencia está en el dominio de lo finito, indudablemente nos referimos al campo del ente, es decir, al campo del ser particularizado. En cambio la Filosofía, y especialmente la Metafísica, tienen por objeto el ser en cuanto ser, ens secundum quod est ens.

Las ciencias no pueden llegar a la naturaleza del ser en cuanto al ser, sino en cuanto ese ser es de tal o cual especie. Es indudable que el ser es objeto de la Metafísica, pero puede ser también, en una forma limitada, objeto de la Lógica, y por último, de las ciencias. El ser en el campo de las ciencias naturales es el ser particularizado en cuanto cae bajo la consideración de las diversas y múltiples ciencias. El ser tratado por la Lógica es el ser desrealizado, pues la Lógica trata del "ens rationis".

Podríase decir, al mismo tiempo, que el sabor de las ciencias tiene por objeto el dominio de la naturaleza, y esto es calificar al conocimiento por su finalidad tal como lo hace Max Scheler. En esta doctrina la filosofía tiene como base el conocimiento que sirve para integrar la personalidad humana, es propiamente una cultura como categoría del ser, no del saber ni del sentir. Vale entonces la expresión de que el mundo se ha perfeccionado realiter en el hombre y el hombre debe perfeccionarse idealiter en el mundo.

El método que se emplea en la ciencia se apoya en los principios de la Lógica, en cambio en el campo de la Filosofía no hay tal punto de apoyo. La flecha se lanza en un movimiento maravilloso que llega a describir la figura de un espiral. El proceso es la dialéctica, finamente descrita por Platón y abarcada en su complejidad por Hegel.

En el campo de la Ciencia todo descubrimiento es propiamente una sorpresa o una satisfacción; en el campo de la Filosofía el descubrimiento es propiamente una sombra tomando asombro en el término griego de Thaumasos. Sombro que es bello en el corazón de Sócrates, sigue siendo bello en Descartes y en todos los filósofos que tratan de la verdadera filosofía.

Petrarca ha dicho lo más bello en la poesía sobre esta actitud:

"Di me non pianger tu: ch's ' misi de fersi
movendo, eterne: e nell' eterno lume,
quendo mostrai di chiuder gli aporsi"

"Por mí no llores cuando muera, ya que
mis días se hicieron con el amor, eternos:

y cuando cierre mi vista para el mundo,
abriré los ojos del alma a la eterna luz
al contemplar a Dios".

Última estancia ésta que sólo puede señalarse en el transporte místico de la más pura y diáfana conciencia esencial y humana.

## Problema y Misterio

Gabriel Marcel en su obra "Position et Approche du Mystere Ontologique" ha señalado una diferenciación notable en esta serie que va de la Ciencia, pasa por la Filosofía y llega a la Religión. En el campo de la ciencia se encuentra siempre la problemática. Problemática que los existencialistas tratan de extender a toda Filosofía con tanto error como el suponer que la Filosofía es simplemente una actitud espiritual. En este campo de los problemáticos, las soluciones presentes sustituyen a las antiguas que resultan falsas o poco eficientes. Es un progreso por substitución. En el campo de la Filosofía se encuentra el misterio, puesto que el conocimiento va al terreno más ontológico ya que se trata de intuir el ser en sí mismo y la naturaleza de las realidades espirituales. Aquí se encuentra el carácter específico, de ir al mismo asunto. No hay substitución sino ahondamiento por la vehemencia hacia lo profundo, vehementia et profundius.

En el primer caso, el de la ciencia, existe el problema, la sed de saber únicamente se detiene en la sed de "esto", sed de "otra cosa". En el segundo caso, el de la filosofía la sed es de "de lo mismo" y demás se sacia, no por decepción de soluciones improvisadas o provisionales, sino porque es una fuente de aguas siempre frescas, profundas e inacabables. Ya lo ha establecido Eclesiastés cuando dice: "Los que de mí comen, tienen siempre hambre de mí, y tienen siempre sed los que de mí beben".

Por último, el misterio es aún más profundo cuando se llega al campo de la Teología, contemplación en el reino de la pura intelección. Aquí es la sabiduría increada a la que se refiere San Juan al decirnos: "El que bebiere del agua que yo le daré, jamás tendrá sed: Será en él una fuente de agua que le dará vida eterna".

Ya se ha dicho que un desorden espiritual es confundir la problematización con el misterio y la iluminación de la segunda y tercera gradas.

## Mi punto de vista

Si bien es cierto que hay diferencias en cuanto a la naturaleza cognoscitiva de la ciencia y de la filosofía, puesto que la primera es un saber de dominio y una problemática continua, y la segunda es un saber de integración de la personalidad en un realizarse como microcosmos y en un actualizar todas las potencialidades del espíritu, según Max Scheler; y es además, el asombro ante el misterio y, por lo mismo, un ahondamiento sobre el mismo tema y el asombro ante el misterio, según Gabriel Marcel; en cambio, yo considero que tanto la filosofía como la ciencia están englobadas en un principio fundamental: la humanización. No se domina el mundo con el solo hecho de demostrar fuerza y poderío frente a la materia y por medio de la materia; tampoco se trata de integrar la personalidad como un abastecimiento de soberbia y de aparente grandiosidad del espíritu; en todo caso se trata de una finalidad suprema, el logro de todas las actividades que el espíritu posee para llevar un sentido pletórico de contenido a la existencia humana.

El haber dejado a la ciencia en el campo del simple dominio de la naturaleza, es no haber comprendido lo que el mundo representa para el hombre. El universo es para el hombre como el lugar propio para realizar objetivamente las excelencias de su espíritu. Si ha dominado a la materia inerte, a la materia viva y a la variable manifestación de la psiquis, es con un objetivo máximo: alentar la fuerza que el hombre posee en exclusividad, poder para captar la belleza, lograr la verdad, practicar la virtud y la justicia y alcanzar la admiración de lo eterno.

Todo debe estar empapado, sumergido en las aguas de la humanización. El más simple acto de la técnica debe llevar espíritu; el conseguir una visión matemática del universo debe llevar un sentido espiritual, dar una explicación de lo que es el ser y sentir el poder de los valores de la cultura es también palpar las excelencias de la humanización.

Ciertamente, el primer peldaño es pobre en relación con el segundo. Es apenas un paso inicial el interpretar el fenómeno físico bajo una fórmula matemática, el explicar la herencia biológica y el describir la sinergia social; pero este paso debe llevar una participación del último grado que el hombre tiene como filosofía sinceramente para la realización de su más profunda naturaleza humanizada. Es natural que para un religioso, este paso también corresponde a una grada inferior del ascenso hacia el pináculo de todo destino humano; la salvación de su espíritu bajo el amparo de la gracia divina y la iluminación infinita de Dios.

Es también claro que la ciencia ha ido progresando más y más y que el terreno de lo finito conquistado por ella va agrandándose, de tal manera, que la transfinitud se aleja más. Esto quiere decir que la ciencia va ensanchándose, pero siempre dejando un dominio que no tiene fuerzas para escalar a la filosofía, que le corresponde el estudio de lo transfinito. Por esto podemos decir que jamás la ciencia llegará a hacer desaparecer a la filosofía. A mayor profundidad del problema científico, mayor hondura de la cuestión filosófica.

También es cierto que las ciencias ofrecen conquistas que la filosofía aprovecha, pero éstas son mínimas a pesar de lo que Bacon sacara de la experimentación y Platón de las matemáticas, por la sencilla razón de que el conocimiento problemático del ente jamás podrá satisfacer el conocimiento del ser. En cambio, la filosofía ofrecerá grandes ventajas a la ciencia, ya que la conduce y le sirve de orientadora. Einstein ha dicho en su obra "La Física Aventura del Pensamiento": "Sin la creencia de que es posible asir la realidad con nuestras construcciones teóricas, sin la creencia de la armonía anterior de nuestro mundo, no podría existir la ciencia. Esta creencia es y será siempre el motivo fundamental de toda creación científica, a través de nuestros esfuerzos. En cada una de las dramáticas luchas entre las concepciones viejas y las nuevas, se reconoce el eterno anhelo de comprender la creencia, siempre firme en la armonía del mundo"; y nadie duda de que en la teoría de los Grupos ya Cantor establece como exigencia filosófica, preliminar a su visión científica, la de admitirse al infinito absoluto, el infinito potencial y el infinito actual.

## El sentido humanista de la Ciencia

Todo el campo de la ciencia debe ser establecido al amparo de una idea humanista. Alguien podrá objetar que cómo es posible dar carácter humanizante a la ciencia más exacta en el campo de la razón como es la matemática. Y esta objeción puede desvanecerse cuando comprendemos el sentido que guardan las conquistas últimas sobre la naturaleza de la ciencia matemática. Ya no es la fría razón la que está dominando las investigaciones más profundas alrededor del número, de la figura, de los grupos y de los infinitamente pequeños. Es un sentido especial en el campo de la belleza el que se exige para las formas simétricas y para considerar una conclusión matemática como verdadera. Son la emoción y la voluntad las que están determinando, aún más que la razón misma, la certidumbre en este campo. Ya la física también ofrece un aspecto absolutamente nuevo. El principio de incertidumbre nos está diciendo que la intuición debe dominar en este campo ya que la razón sólo puede sujetarse al desarrollo estricto de la causa y del efecto en un terreno absolutamente determinista. Haya cada día, acerca de las ciencias de la naturaleza, un intento de acercamiento a todos los poderes del espíritu, y la razón última de las ciencias de la historia y de la cultura está en la comprensión, en la vivencia, en la expresión, en esa intuición volitiva que Dilthey ha descubierto con singular maestría.

Una nueva interpretación de la ciencia en el fondo mismo de la propia ciencia está dominando a los científicos modernos para lograr descubrimientos sorprendentes. Ya no digamos ese mundo de las geometrías no-euclidianas que llevan a la conciencia datos que no pueden ser combinados por la razón, ni por la experiencia y que sólo se encuentran en una intuición superadora de espacios curvos influenciados por fuerzas gravitatorias. La geodésica es una bella curva que está reemplazando la fría y fatal línea recta. El mundo infinitamente pequeño del átomo está dominado por leyes que no son propiamente las que tienen por base la casualidad. Y se asegura que la energía, último elemento de la materia, puede llegar a ser tan sutil que casi se le identifique con los poderes del espíritu.

"La matemática es para David Hilbert, uno de los geómetras más profundos contemporáneos, un juego que debe jugarse con ciertas reglas simples y con signos sin significado propio". Un postulado matemático no es necesariamente "evidente", ni debemos preguntar si es verdadero. El postulado se da; debe ser aceptado sin discusión, pero siempre debe conducirnos al hermoso arte de los sistemas de los postulados. Temple ha dicho "la necesidad de la independencia de nuestros postulados matemáticos no está dictada más que por razones estéticas". Ciertamente el postulado no debe llevar una contradicción, pero nunca podemos afirmar si un sistema de postulados no es contradictorio y que jamás nos llevará a una contradicción.

El espíritu de las matemáticas modernas ya no es el de la evidencia, sino sencillamente uno semejante al que domina en el campo elegante e intuitivo del juego de ajedrez, en que la única pregunta sensata es ¿se jugó la partida de acuerdo con las reglas?

La serie de ejemplos y de afirmaciones las encontraríamos, con mucha mayor facilidad, en la obra de Dilthey y de los continuadores en la investigación de las ciencias del espíritu, en donde se formula toda una hermenéutica de interpretación.

La ciencia se está volviendo un arte porque requiere un sentimiento profundo de belleza; pero a la vez está afirmando su sentido humanista en una forma más y más intensa.

## El hombre forjador de cultura

Debe desearse que llegue a existir en el futuro el hombre como forjador de la cultura, creador de la vida de la felicidad, realizador pleno de la conciencia humana. Y este ideal supremo debe estar intacto lo mismo en el técnico que en el científico, el artista, el filósofo y el religioso, constructores todos de los elementos rítmicos de una humanidad que tiende a la realización de lo que es esencial en la existencia dentro de un marco de libertad.

El hombre sólo puede conseguir, en esta forma, alcanzar la iluminación de que habla la Religión, iluminación que puede ser aquel deleite de que nos habla Einstein ante la contemplación del universo, e iluminación que puede ser la hondura en el alma para descubrir al orden y a Dios, como lo establece San Agustín. Desvincular al hombre de esta ruta, llevarlo por un sendero en que la mecánica obra en su cerebro y en sus músculos, sin otra determinación que la de los actos inconscientes o reflejos, producto de un funcionamiento gradual de un proceso más complicado de lo biológico, es torcer el sentido que el hombre posee como un don de comprensión para su vida misma, para el universo y para lo trascendente.

Conquistar el mundo en una vana pretensión si no hay detrás de esta conquista una afirmación de paz y felicidad espirituales. Aspirar a hacer una problemática constante como la filosofía y creer que su esencia está en lo contradictorio y en la multiplicidad sin orden, es no tener sentido del misterio en donde, a medida que se ahonda, no se anulan las conquistas adquiridas, sino que profundizan, se complican y se van afirmando unas con otras. Por último, creer que con esto basta para que el hombre esté pletórico de serenidad, de felicidad, es un craso error, pues en último término necesita de esa visión profunda de su propio destino ante el cual toda sed se apacigua.

# Libertad y Saber

El problema de la libertad es siempre viejo y siempre nuevo. No es el momento oportuno para especular sobre sus fundamentos y razón de ser. Sólo diremos que la libertad la concebimos como una conciencia clara y evidente de la necesidad. Hasta donde llega la necesidad, hasta allí se encuentra la libertad. A medida que crece la explicación científica y los hechos se definen claros en sus causas y sus efectos, parece que el mundo de la libertad se acorta; sin embargo, es lo contrario, la libertad alcanza mayor esplendor y firmeza, puesto que está más en el dominio de lo estrictamente espiritual.

La libertad sólo existe para realizar el bien. Sentencia ésta que supone en que posee la libertad mayor conciencia de su existencia, profunda afirmación de su responsabilidad. El hombre que hace el mal es un esclavo, un hombre sujeto a las cadenas de la bestialidad y del destino.

Por último, la libertad es el único camino para el descubrimiento del ser. Con el descubrimiento del ser se encuentra la vida en una rebosante caridad, bajo la esperanza como aliento y la fe como corteza.

Si hay angustia, es sólo para llegar a la afirmación de la existencia y más tarde a la de la esencia. La angustia puede existir como preliminar en la búsqueda de los misterios de la vida y de la muerte, pero prontamente desaparece, cuando estos misterios han sido fuente pura de ahondamiento del saber con goce de superación y fuente prístina que desde el primer momento sacia la sed. Sólo la angustia permanece cuando el hombre se detiene ante lo transitorio y convierte su vida en una problemática constante y variable. Por lo que respecta a la náusea, ésta es propia de lo animal y biológico que el cuerpo humano posee; en ella desaparece toda espiritualidad.

# Primeras conclusiones

Teniendo en cuenta todo lo anterior puede ya estimarse la calidad filosófica de las cuatro proposiciones que formulé ante el Tercer Congreso Inter-Americano de Filosofía que se celebró a fines del año pasado en la Ciudad de México, referidas al tema: el aspecto humano de la ciencia. Proposiciones que fueron aceptadas en asamblea plenaria y que es necesario meditarlas, porque implican una nueva interpretación de la ciencia, de la libertad, de la actitud moral y de la propia filosofía.

Las proposiciones fueron las siguientes:

Primera.- Las verdades de la ciencia que pueden servir para el bien o para la destrucción de la humanidad, sólo deben entregarse a quienes tienen absoluta conciencia de responsabilidad.

Segunda.- Teniendo en cuenta el bello principio de que no hay libertad más que para hacer el bien, si un descubrimiento de la ciencia puede llegar a ser un factor de destrucción de la humanidad, debemos considerar que está fuera del campo de la libertad, y que por lo tanto, debe abstenerse el científico de divulgarlo, pues de hacerlo falta a los principios más altos de la dignidad humana.

Tercera.- Hay un límite en el desarrollo de la ciencia, cuando ésta pone en peligro la existencia de la humanidad y de los pueblos.

Cuarta.- Son traidores a la humanidad tanto los dictadores de los pueblos como los sabios que, conscientes de lo que hacen, trabajan para sostenerlos en el poder a base de la fuerza que entrega la ciencia.

En ellas encontramos no sólo la naturaleza humanista de la ciencia, sino, indudablemente, el carácter humano del científico. En este carácter se perfila el concepto de libertad con toda claridad. Sólo se es libre para obrar bien. Principio de universal observancia y que significa una barrera para toda actividad tanto en la filosofía como en las ciencias, en el arte y en la técnica.

Sabemos bien que la liberación de la energía contenida en un solo átomo está preocupando a todos los hombres, de esta conquista científica depende, ya no sólo la vida de los ejércitos contendientes en una guerra futura, sino la existencia de toda la humanidad. Causa pavor imaginar el empleo de la llamada "bomba atómica" para destruir las urbes más populosas de la tierra. Ocho, diez o quince millones de hombres, mujeres y niños, ancianos sacrificados instantáneamente como por un arte diabólico. Y los hombres de ciencia tratando de descubrir armas de esta naturaleza aún más mortíferas, pensando únicamente que la ciencia no tiene que ver con la moral y que no son responsables de la utilización que se dé a sus inventos. ¿Pero es que no se debe exigir responsabilidad humana, social, a los sabios, hombres de ciencia, frente a un peligro que puede ocasionar el derrumbe de la civilización y aún la existencia misma de la humanidad?

Las conquistas de la ciencia, cuando llegan a ser peligrosas para los pueblos, requieren cierto límite, y este es el de que los poseedores deben tener absoluta conciencia de responsabilidad. Es natural que esta exigencia se vea muchas veces destruida por la ambición de algunos pueblos, por el ansia bestial e inhumana de algunos dirigentes de ejércitos y de naciones; pero si la mayoría de los hombres nos propusiéramos llevar este estandarte de la paz y de la responsabilidad, es indudable que no seríamos los seres inactivos, pacientes, indolentes para ver que semejantes monstruos atentan contra la vida, contra la civilización y contra la cultura. Es entonces cuando el sabio debe responder con su abstención a seguir en la búsqueda y en el encuentro de semejantes armas de destrucción. Es la conciencia del sabio la que debe tomar en cuenta que más vale una humanidad pobremente dotada de fuerza material, pero ricamente saturada de espiritualidad.

En el Congreso de referencia el Sr. Juan David García Bacca, ahora representando las Universidades de Venezuela, presentó una ponencia sobre la actitud del hombre moderno frente a la ciencia y la técnica en nuestra concepción del universo. Su conclusión fue la siguiente: "Tenemos que ser ricos en ciencia y en técnica, por virtud e imposición ineludibles del tipo de concepción del Universo y del hombre en que hemos caído; pero debemos ser ricos en ciencia con espíritu de pobreza, y debemos ser ricos en técnica con voto solemne de pobreza". "El hombre moderno tiene que y debe aceptar tal riqueza, mas usarla y disfrutarla no sólo con espíritu de pobreza, sino con voto de pobreza", y frente a esta tesis nosotros objetamos: ¿Cómo es posible exigir espíritu de pobreza y voto solemne de pobreza a los hombres ávidos de poderío, desenfrenados de pasiones por la conquista material de territorios y mercados? ¿No sería mejor pedir esta renuncia de riqueza a quien la está dando por la magnificencia de su inteligencia?

Hay un límite en el desarrollo de la ciencia, cuando ésta pone en peligro la existencia de la humanidad y de los pueblos. Debemos considerar como traidores a la humanidad, tanto a los dictadores y tiranos de los pueblos como a los sabios que, conscientes de los que hacen, laboran en la experimentación científica para poderlos sostener en el poder a base de la fuerza que la ciencia, no humanizada, entrega. Pero el día que la ciencia tenga un papel definitivo en el campo de lo humanitario, y los científicos sepan distinguir con claridad el ambiente social que los rodea y sean, más que descubridores de fuerzas enormes, guiadores de los pueblos para su bien material y espiritual, entonces el castillo de la ciencia moral habrá caído y el científico será una luz en el sendero de la historia. Hay que crear hombres, hay que forjar hombres, hay que encauzar a las juventudes por un sentimiento humanitario de felicidad para el semejante, de respeto a la vida, de afirmación de una conciencia que no tiende a la nada, sino al contrario, al asombro ante la belleza, ante la bondad, ante la justicia y ante el Ser Supremo, para que la libertad de los hombres científicos sea efectiva, porque entonces ellos sabrán que están forjando con su intelecto la dicha entre los hombres y un himno de paz para el futuro.

A estas cuatro proposiciones agrego ahora, tratándose de nuestro problema sobre la enseñanza de la ciencia, la siguiente:

Quinta Proposición: Toda enseñanza de la ciencia debe tener como fin la integración de la personalidad del estudiante; para ello hay que tomar en cuenta que la ciencia, el arte, la estética y la moral social forman una doctrina única, base de una humanidad forjada en el sentimiento de una felicidad sana sobre una responsabilidad consciente.

Tal debe ser el contenido de lo que ha venido a llamarse una enseñanza humanista, dejando atrás la enseñanza puramente técnica, sin el aspecto de cultura que es la que propiamente forja al hombre integral, y sólo teniendo como propósito la utilidad, ni siquiera favorable al desarrollo propicio de la humanidad, sino sólo para intereses bastardos y nada aconsejables.

# Enseñanza tradicional y futura de la Ciencia

La enseñanza según el punto de vista de separación absoluta entre la ciencia y los demás valores de la cultura, vino a caer en el adiestramiento más agudo y en la preparación particularizada de cada ciencia, y en muchos casos, en la simple memorización y en la destreza sólo por la destreza misma. Ciencia por la ciencia misma, se dijo; así como también había brotado la expresión de arte por el arte mismo.

La mayor parte de los programas en las escuelas tuvieron como propósito adentrar al estudiante en los últimos rincones de cada ciencia, exigiendo para cada disciplina el mayor tiempo posible. Nunca se pensó en que la Matemática llegara a ser un factor determinante en la integración de la personalidad del joven. En cambio, se le preparó para un buen examen a base de repetición de fórmulas, con una que otra aplicación a las ciencias afines. Esta enseñanza tuvo por base la creencia firme de que la ciencia es amoral, que los únicos propósitos eran la conquista y el dominio de la naturaleza y, por lo tanto, el adiestramiento puramente técnico. Aún se llegó a más; la destreza técnica no sólo quiso dominar a la naturaleza, sino a los pueblos mismos, y las armas atómicas han tenido semejante propósito. Ahora bien, la enseñanza del futuro debe variar considerablemente el panorama. No se trata de un simple empleo de la inteligencia, sino de un propósito que, basándose en la razón, pueda proporcionar al hombre una mejor vida dentro de un campo de libertad y de paz. La ciencia, entonces, deberá enseñarse tomando en cuenta todas las facultades espirituales del estudiante, favoreciendo su desarrollo integral y con ello, poder lograr, en un futuro, una humanidad mejor dotada para una existencia conscientemente humanista.

La Biología, por ejemplo, no sólo servirá para describir fenómenos y explicarlos en sus leyes, sino fundamentalmente para hacer palpable en el estudiante esa maravilla que es el organismo viviente, sobre todo cuando se trata del ser humano; hacerle sentir la necesidad de que su desarrollo sea más ajustado a las exigencias de una vida sana, alegre y feliz. En el campo de la ciencia psicológica, el descubrimiento de este mundo que se llama el alma, es más sorprendente, pues contiene valores espirituales y en esas vivencias debe encontrarse la fuente de una armonía superior que dé base cierta y segura a la elaboración de los valores espirituales como la belleza, la bondad, la justicia y la santidad. Aún la física debe proporcionar al joven una visión de altura en el campo del Universo y de la partícula llamada átomo. Ya esta sorpresa la ha calificado Einstein de la verdadera religión, porque en ese mecanismo que domina al macrocosmos y que también se hace valer en el microcosmos, hay una sabiduría suprema en donde las leyes son forjadas por el poder de la razón y se realizan con tal precisión que ha dado lugar, en siglos pasados, a la tesis de la armonía preestablecida de Leibniz y a la correspondencia ontológica de las dos cualidades ostensibles de la substancia en la doctrina de Spinoza. Y en la Matemática las concepciones de las geometrías no-Euclidianas, de los Conjuntos de Cantor, del Cálculo Diferencial absoluto y de tantas y tantas elaboraciones modernas, podemos siempre descubrir un sentido útil de belleza y aún de superior armonía en el espíritu del hombre.

Si a nuestros jóvenes estudiantes les entregamos la ciencia en esta forma, y les relatamos la vida de los grandes científicos, el descubrimiento de los fenómenos más sorprendentes, el hallazgo de lo que constituye el núcleo de la ciencia de la materia y de la vida, encontraremos seres mejores dispuestos a la enseñanza, viviendo los grandes problemas científicos con intensidad y descubriendo en el horizonte, no una ley fría y despiadada, sino un mundo de promesas superiores a las que actualmente estamos realizando.

## Idea moderna sobre el Saber de la Cultura Comprendiendo a la ciencia

Por último, quiero insistir sobre la síntesis a que la educación moderna tiende para satisfacer la plena realización de todas las facultades espirituales y con ello todos los intereses más altos de la humanidad.

Scheler en su obra "Bildung und Wissen" establece la correlación estrecha entre los fines supremos del devenir, de la historia, y de los saberes que el hombre puede poseer. Al fin de dominar y transformar el mundo para el logro de nuestros propósitos humanos, corresponde el saber de la ciencia. (Wissenschaft, Herrschaft – oder – Leistungswissen). Al fin de realzar la persona humana en toda su integridad corresponde el saber culto (Pildungswissen), que es el devenir y pleno desenvolvimiento de la persona que sabe. (Dem Werden und der Vollentfaltung der Person, die "weiss"). Al fin de afirmar el devenir del mundo y el devenir extratemporal para alcanzar la Divinidad, corresponde el saber de salvación (Heilswissen).

Pero a pesar de que el pensamiento del maestro Scheler fue el de unificar estos sabores en una forma absoluta, nos presenta los caracteres específicos y diferenciales de cada una de estas esferas del conocimiento. Para el conocimiento de integración descubre un movimiento de ánimo que corresponde a la admiración, a la búsqueda de la esencia y a la conquista de una estructura apriorística del mundo. Encuentro de la esencia constante, de la causa y del origen eficiente, comprensión del sentido y del fin de todo cuanto aparece. Este conocimiento, que viene siendo el filosófico, está incluido en la Moral, en la Estética, en el Derecho, en la Religión y en todos los valores espirituales. Tiende a llegar a los objetos que no son existencialmente relativos a la vida, ni tampoco son posibles valores de la sociedad. Lleva a la integración absoluta de la personalidad, como ya Agustín lo había presentido.

En cambio, el conocimiento del dominio que corresponde a la ciencia es de naturaleza práctica, trata de descubrir los rasgos dominantes y jamás lo esencial; corresponde a un mundo en donde la modalidad es contingente a pesar de sus leyes y en donde la existencia del mundo está en íntima relación con la vida.

Con estos argumentos parece que la separación se ha presentado radical y que no es posible la conciliación que ya hemos formulado. Pero el filósofo no estuvo satisfecho, y por eso encontramos, casi al final de su obra, estas frases definitivas:

"...so ist nunmehr die Weltstunde gekommen, da sich eine Ausgleichung und zugleich eine Ergänzung dieser einseitigen Richtungen des Geistes anbahnen muss. Unter dem Zeichen dieses Ausgleiches und dieser Ergäuzung". "Ha llegado la hora en el mundo de que se abra camino una <u>nivelación</u>, y al mismo tiempo una <u>interpretación de estas tres direcciones particulares del espíritu</u>".

Exclamación que no llegó a formular y desarrollar plenamente; la muerte cortó su existencia cuando estaba elaborando su Antropología Filosófica y es indudable que este intento lo hubiera realizado con la maestría de que siempre fue capaz.

Para mí hay en estos tres saberes y en estos tres fines un perfecto encadenamiento. El dominio de la naturaleza conduce, con toda seguridad, al encuentro del hombre mismo y de las esencias; la afirmación por medio de leyes de la modalidad contingente es el anticipo al descubrimiento de lo eterno y absoluto; el conocimiento de las relaciones del mundo con la vida viene siendo el principio para descubrir el sentido y el fin de todo lo que existe. Falta elaborar esta Filosofía y estas concepciones modernas de la Ciencia y del Arte para comprender que el espíritu humano es uno, los intereses de todos los hombres llegan a ser supremas realizaciones de lo más profundo de la conciencia y toda la educación y toda la educación de nuestros niños y de nuestros jóvenes, debe basarse en un propósito que, sabiendo modificar los moldes arcaicos de la pedagogía, lleve una unidad perfecta en el desarrollo de todas las facultades espirituales y con ello la creación de la personalidad humana.

México, D. F. a 4 de julio de 1951
DR. ADALBERTO GARCIA DE MENDOZA

# MAX SCHELER
## O
# FILOSOFÍA MODERNA

Adalberto García de Mendoza

I. Reflejos. II. ¿Panorama? III. Meditación. IV. Liberación.
Fenomenología. Intuicionismo. Relatividad. Entelequias.
Psico-Análisis. Arte nuevo. Valores moral y santo.

## Primer momento. Reflejos

Líneas que como saetas atraviesan los espacios. Corriente eléctrica que se hunde en la profundidad de la tierra.

Pájaro de hierro que se incrusta en la multiforme nube y aleja de sí la línea fatal del rayo.

Triángulo que en la suma de sus ángulos, ostenta la negación de las paralelas.

Luz que se tuerce a la voluntad de los astros.

Protón, sol del universo infinito. Ión, astro maravilloso de un microcosmos.

Venus afrodita que explica el mundo subconsciente del hombre.

Máquina y mujer, trabajo y carne, símbolos del dinamismo que anima al mundo.

Visión de panoramas lejanos.

Oído que percibe el suspiro de la antípoda.

Motor que surca la maravillosa fauna de los mares, y la tenue brisa de los crepúsculos. Ondas magnéticas que atraviesan el diamante.

Impresión de imágenes invisibles: expresión de recuerdos vagos y lejanos.

Atonalidad en la música, incoloridad en la pintura, silueta en la escultura; indiscreción en la poesía, y líneas sin término en la arquitectura.

Strawinski que anima la silueta obscura de la fantasía y Strauss que presenta el lujurioso momento del sensualismo judío.

Ravel que diseña la añoranza de mundos de sueño y Mussorgsky que presenta la realidad de la muerte frente al sarcasmo de la risa.

Cézanne, con su pincel abstracto y dinámico y Werfel con su honda energía en la frase.

Emoción de las simultaneidad bajo el pincel de Severini o de Carrá; significación espiritual de la máquina. Paso gigantesco de lo natural a lo abstracto. Scholtz que surge con las potentes contradicciones de la vida a través de la magia del color. Terauchi, Katasha y Maeda que sienten el profundo realismo de la carne.

Sentimiento del espacio que conduce al espíritu del hombre a una voluntad tetradimensional.

Estatuaria de Archipenko que lleva la línea de la materia a la región del pensamiento: y Van Gogh o Kandinsky que transportan el vigoroso anhelo del color a la interpretación de la naturaleza.

Verismo dinámico de Kaiser o Sternheim paralelo al concepto funcional en estratos cósmicos en la visión del universo einsteiniano.

Fin sin finalidad, anhelo profundo de una libertad incomprensible.

Dinamismo.

Vértigo del azar.

Bala que trata de llegar a lugar indeterminado y describe al final de su carrera una maravillosa parábola.

Mundo decadente para la fina figura de la época burguesa; y mundo nuevo para el zigzag de la miseria y de los valores incomprensibles.

Catorce columnas sobre el desastre de Europa. Versalles ciudad del amor, convertida en ciudad de las reparaciones económicas.

El campo que invade la ciudad. El trabajo que triunfa sobre el capital. Rusia... ¿Inglaterra?

Océano Pacífico que presenta la solución del porvenir cual tablero gigantesco de Ajedrez.

Silueta.

## Segundo momento. ¿Panorama?

Mujer y Máquina. Dos mil caballos de fuerza. Danza frenética. Zigzag de la "intentio" del perfume parisiense.

Honda alegría en los momentos del "jazz". Honda tristeza con el enfermedad que trae el desgarramiento de las carnes y la perforación de los huesos.

Pérdida de la conceptuación del hombre mismo.

Fiebre de cuerpo de mujer. Fascinación ante el movimiento lujuriante de "schimy" y roce bestial de los cuerpos en el Cabaret.

Cabaret. Cabaret, con sus mil luces, con sus mujeres de formas sedientas de placer y con sus hombres lacerados de alma y putrefactos de cuerpo.

Calles obscuras donde imploran caricias, y en lugar de la ermita de antaño, se distinguen los avisos luminosos del "dancing".

Angustia en la memoria de la orgía.

Inquietud ante el minuto que se pierde en la transformación de la corriente magnética.

Voluntad que hiere el espacio con flechas cada vez más veloces para llevar el pensamiento o la materia a lejanos lugares.

Intranquilidad suma. Descanso sexual después de las fatigas de la máquina.

Furor erótico que reemplaza el profundo Amor a la mujer como esencia de la maternidad y de la realización del devenir, del "estar siendo" de la vida.

Oración que se trueca en blasfemia, en el desencanto y voz que clama por momentos de orgía o de perpetua masturbación de pensamiento.

Serenidad, que cambia en la intranquilidad por el instante en exaltación de la bestia que ruge en el interior del hombre; para arrastrar al torbellino del azar, el destino y la finalidad del alma.

Optimismo ante la obra que se vuelve sentimiento de tristeza por decadencia de cultura.

Obscuridad del concepto del hombre mismo que se traduce en una profunda incertidumbre ante el "para qué" de la humanidad.

¿Mundo decadente? ¿Decadencia de Occidente? ¿Mundo que nace?

Invocación: ¡Oh vida, oh pensamiento, oh institución: haced nacer en mi corazón una voluntad vigorosa que aprovechando lo esencial de estos caminos inciertos, llenos de brillantez sugestiones pero cargados de inmundicias, puede alejar de mí, esta angustia infinita, para poder ser firme como la roca y libre como el suspiro!

## Tercer momento. Meditación

Medito esta tarde. El mundo camina bajo el impulso de un mecanismo sorprendente. La intuición y el amor se pierden en este camino. Y aún a la razón se le niega la posibilidad de conocimiento trascendente para reducirla a una constante antinomia.

El espíritu de Dios pierde día a día su comprensión, y sólo queda una tenue sombra de fe y de inspiración.

El trepidar de los motores hace vibrar con intensidad mi corazón, y la magia de ondas magnéticas, hertzianas y eléctricas me descubre nuevos horizontes de maravillas.

Pero, ¿dónde surgirá la visión profética de un nuevo mundo moral que aliente mi espíritu? ¿dónde encontraré la imagen que me presente el espectáculo radiante de una visión de la divinidad?

¡Oh corazón mío! Necesitas hacerme sentir el vaivén de la vida para que confunda mi existencia con el zigzag de tu camino y ahondando tu sentimiento puede llegar al amor y a la fe, al odio y a la abnegación.

¡Oh razón mía! Dame tu esencia para que pueda comprender el por qué de mi ser y la eternidad de mi verdad.

¡Oh intuición mía! Abre tus puertas y deja pasar a mi vida y a mi pensamiento a los bellos campos de las esencias, para que pueda emocionarme con el placer infinito de la santidad y sumergirme en el eterno llamado Dios.

Es el momento doloroso del alma que quiere dar a luz una armoniosa sinfonía, en que la vida con sus eternas contradicciones ocupe el primer momento; el segundo meditativo se traduzca en la verdad de aspiración infinita, y el último, brillante, todo lleno de luz, invada los campos de las esencias y de las finalidades.

Vida. Pensamiento. Intuición. He aquí la maravillosa trilogía de toda la existencia humana. Detenerse en uno de sus peldaños, como todos los filósofos lo han hecho, significa incomprensión de lo que el hombre representa en la vida del Universo.

Tarde que me anegas en pensamientos profundos. Te debo una ofrenda inspirándome. Recompensaré la belleza de tu crepúsculo y el meditar de tu tristeza.

Ha venido la noche... sus estrellas son inmensamente interesantes. Me invita a desarrollar mi vida, mi pensamiento y mi intuición. ¡Qué aliento de vida surge en mi ser ante semejante espectáculo! ¡Qué arrobamiento invade mi alma cuando mi intuición despliega sus alas y descifrando el misterio de la noche me hace intuir la excelencia del Universo y el dinamismo que Dios impregna al cintilaje de las estrellas y de mi ser!

Contradicción. Verdad perpetua. Esencia de lo que es.
Vida. Pensamiento. Intuición.

Maleza iluminada por la fría luz de la luna.
Estrellas que siguen su acostumbrado camino.

Alama que se refugia en la serena potencialidad de lo que Es.

## Cuarto momento. Liberación.

Pensamiento que afirma su existencia en forma de verdad eterna y llega a la visión profunda en lo esencial de los universos material y espiritual.

¿Husserl y Heidegger?

Relatividad que alcanza su determinación absoluta en la cuarta dimensión y presenta la ley inmutable de lo mecánico.

¿Einstein?

Entelequia que descifra la divina misión de los seres vivientes.

## ¿Reinke y Driesch?

Resurgimiento de los más bellos campos que se ocultan en la subconsciencia y que entregan esencias de alma y comprensión de anhelos.

## ¿Freud y Adler?

Intuición que ve más allá del concepto, para entregar las esencias del macrocosmos y del microcosmos, de la Historia y de la Cultura.

## ¿Dilthey, Spengler y Keyserling?

Visión nueva de la belleza con el latido potente de la renovación y la serena tranquilidad de la verdadera adquisición de valores nuevos.

En el sentimiento del sonido: ¿Actual Strawinsky, Schoenberg, Ravel y Yamada?

En la expresión del verbo: ¿Mombert, Flake, O'Neill y Mehring?

En la exaltación de la forma: ¿Maillol, Modigliani y Bening?

En la pureza de la visión: ¿Rousseau, Schrimpf y Kanoldt?

Objetividad de los valores moral y santo para el surgimiento de la verdadera misión del hombre ante el Universo y ante Dios.

## ¿Windelband, Rickert y Scheler?

Revelación de una nueva filosofía que adune la divina contradicción de la vida, bajo el amparo de la entelequia y de lo subconsciente; que descifre el Universo tetradimensional por el anhelo infinito del pensamiento en la eternidad de verdad: que vaya a las esencias por el camino de la intuición. Intuición que aprehenda la serena tranquilidad del dinamismo oculto en la obra bella: la objetividad de los valores moral y santo; y la realidad en la existencia de Dios.

¿··················································································?

Mundo nuevo que surgirá…

# LA DIALÉCTICA Y EL PROBLEMA DE LA ENSEÑANZA DE LENGUAS EXTRANJERAS

Por el Ing.

Adalberto García de Mendoza y Hernández

Conferencia pronunciada en el Palacio de Bellas Artes el día 16 de abril de 1938, ante la Academia de Profesores de Idiomas Extranjeros.

# LA DIALÉCTICA Y EL PROBLEMA DE LA ENSEÑANZA DE LENGUAS EXTRANJERAS

Por el Ing. Adalberto García de Mendoza.

## CARACTERES DE LA DIALÉCTICA

## EL PROBLEMA DEL SER Y DEL DEVENIR

Uno de los problemas fundamentales de la filosofía moderna se refiere a la dualidad del ser y del devenir. Algunos autores afirman el ser negando el devenir; otros por el contrario sostienen éste negando el primero. Por fin, los últimos, tratan de conciliar ambos términos, estableciendo tesis intermediarias.

El problema es antiguo, lo encontramos claramente especificado ya en la filosofía tradicional china del tiempo de Lau-seu o del Vedanta, y en la filosofía occidental de la época de Parménides y Heráclito. Es entonces cuando las tesis externas adquieren su mayor vigor. Así, para Parménides el ser lo es todo, con las características de inmovilidad, eternidad y unidad, y para Heráclito el devenir abarca todas las manifestaciones de la naturaleza, siendo hartamente conocidas sus metáforas.

Las tesis intermedias desde aquel entonces también aparecen, señalándose a través de las doctrinas de Platón, Aristóteles y Plotino. Esta tendencia se prolonga en toda la Edad Media, y la Patrística lo mismo que la Escolástica, establecen, de manera especial, esta conciliación.

No es el tiempo oportuno para ir señalando, paso a paso, los caracteres de dichas conciliaciones, sólo diremos que en la Edad Moderna y, a través de grandes sistemas filosóficos, como los de Descartes, Leibniz, Spinoza, Malebranche, Kant y tantos otros, el problema adquiere mayor precisión. Pero es a través del Idealismo Alemán, cuando se determina un sistema conciliatorio, claro y verdaderamente genial. Ya Fichte, enuncia la existencia de los contrarios en el Yo, ya Schelling establece el sistema de identidad, y sobre todo Hegel da los pasos más firmes al precisar los caracteres de un devenir dialéctico.

## Tesis, Antítesis y Síntesis

La Dialéctica establece un continuo cambio en que siempre aparece la tesis, la antítesis y la síntesis. Esta última, apenas transcurrido un lapso de tiempo, se convierte en tesis a la que vuélvesele a oponer la antítesis para señalar una nueva síntesis. El devenir dialéctico se establece a base del choque de los contrarios, de la identificación, en último término, del ser y del no ser. Destrúyense por lo tanto, el principio de identidad y el de contradicción, pedestales de la filosofía tradicional y especialmente de la lógica aristotélica.

Las características de este proceso han sido señaladas con toda precisión por Hegel, afirmando un paso siempre brusco y revolucionario de la contraposición a la síntesis, la doble negatividad de los elementos contrapuestos, la transformación de cantidad en cualidad, la acción recíproca y toda una serie de características específicas de un desarrollo dialéctico.

## Proceso evolutivo y proceso dialéctico

Se puede establecer, al estudiar la dialéctica, una primera diferencia entre evolución y proceso dialéctico. En el caso primero, se va gradualmente, en línea recta, sin pasos bruscos, tal como lo enunciara algún gran naturalista al establecer que el universo no procede por saltos; en la evolución se establece que todo efecto tiene su causa y ésta serie es infinita. En cambio la Dialéctica afirma la existencia de movimientos bruscos ene la realización de la síntesis, así como la acción, tanto de la causa sobre el efecto, como el efecto sobre la causa, es decir la acción recíproca.

## Afirmación dialéctica en el campo materialista

Carlos Marx y Federico Engels, aprovecharon esta doctrina. Nada más que en lugar de aplicarla a la Idea, a la razón dialectizándose, la afirmaron en el campo de la materia, es decir, de los fenómenos reales y fundamentalmente de los acontecimientos históricos. Esta es la base del Materialismo Dialéctico, en que el término materialismo no debe tomarse en su acepción metafísica, sino en su interpretación de un devenir afirmado en los elementos primarios de la existencia como son: el biológico y el económico.

## El método dialéctico en todo el saber y el vivir

Todas las ciencias, las artes y la filosofía pueden ser estudiadas con el método de la dialéctica, señalándose en ellas un proceso constante de transformación en este mismo sentido.

Ya se ha hecho el intento satisfactorio de estudiar dialécticamente todas las ramas de la ciencia. Desde la matemática hasta la sociología, pasando por el psicoanálisis y aún la teoría de la Relatividad.

El arte también debe intentarse en este mismo terreno y a base de contradicciones, de acciones recíprocas con las infraestructuras, etc.; debe señalársele un terreno nuevo de interpretación.

## El método en la lingüística

Pero es fundamentalmente aplicable el método al objetivo de esta conferencia, es decir, al campo de la lingüística y de la pedagogía referida a las lenguas.

No cabe duda que toda pedagogía supone un conocimiento claro y terminante de la epistemología propia del objeto que se trata de trasmitir. Pero aún más, debe establecer las características del desenvolvimiento de este mismo objetivo. Es decir, para ser más claro, se requiere estudiar los problemas epistemológicos propios del campo del saber que se va a trasmitir, pero a la vez, el pleno conocimiento del desenvolvimiento de lo que se va a trasmitir, con todas sus características dialécticas.

Sólo conociendo debidamente el proceso que ha culminado en la última síntesis en que se presenta un lenguaje, puédesele enseñar correctamente; sólo mediante la comprensión de este devenir sujeto a la dialéctica, puédese trasmitirse el contenido sustancial y definitivo de un idioma.

Para comprender las transformaciones fonéticas, las morfológicas, las sintácticas, etc., y poderlas enseñar debidamente, es indispensable darse cuenta cabal y justa del desarrollo que ha tenido el sonido expresivo d los lenguajes a través de la historia, de las transformaciones morfológicas en el transcurso de las culturas, de las modificaciones sustanciales sintácticas de los idiomas en el proceso del pensamiento ajustado a las condiciones étnicas y económicas de los pueblos.

# DESARROLLO DIALÉCTICO DEL LENGUAJE

Todo hecho histórico y sociológico obedece a un desarrollo firmemente dialéctico. El lenguaje como un producto de la sociedad ofrece ese mismo carácter y es necesario que renazca una lingüística suficientemente científica que haga ver con toda claridad esta posición.

En donde podríamos estudiar el problema sería, no sólo en el desarrollo histórico de las lenguas vivas existentes, sino fundamentalmente en la transición de un idioma a otro, del griego al latín, de éste a sus derivados, por ejemplo.

Sociólogos eminentes han escudriñado la íntima relación que existe entre el desarrollo de las fuerzas productivas de un pueblo o una nación y el desenvolvimiento de todos los fenómenos sociológicos. Cada manifestación sociológica vése respaldada por la transformación de la infraestructura biológica y fundamentalmente económica. Y el lenguaje, expresión interna de uno de los fenómenos más apremiantes de la colectividad, como es la interrelación en los individuos, ofrece caracteres perfectamente dialécticos.

A medida que la civilización y la cultura avanzan, así como hay necesidad de crear nuevas máquinas y utensilios técnicos, métodos de aprovechamiento en la industria, en la agricultura, etc., así también hay la necesidad de crear lenguajes que más se ajusten a esta misma realidad creciente.

No es una casualidad el que los idiomas sánscrito, chino o alemán estén suficientemente abastecidos de terminología filosófica propia para las más profundas meditaciones, ni que el inglés carezca de esta contribución. Es que estos pueblos en sus estructuras geográficas, en sus problemas biológicos, en sus exigencias económicas han tenido las fuerzas necesarias para desarrollar su pensamiento en determinado sentido y manifestarse en sus "propias" diferenciaciones sociológicas.

Ya Max Scheler ha hecho hincapié en que la filosofía del *a priori* kantiana, obedece a un impulso exclusivamente germánico y más aún prusiano; que existen diferentes *a priori* según las razas y los pueblos. Esto equivale a decir que corresponden a los distintos grupos étnicos, elementos formales de la inteligencia que van variando y modificándose. Significa que la razón no es universal y que la intelección obedece a un ritmo sociológico perfectamente estudiado por una nueva ciencia: la Sociología del Saber que corresponde a otra más amplia: la Sociología de la Cultura.

Y si esto acontece en el campo de la intelección, en aquella región que siempre se ha tomado como lo absoluto, lo universalmente válido, lo radicalmente cierto, la esencia de lo humano, ¿qué puede decirse del lenguaje que es una expresión del pensamiento y de la razón, que es el correlato necesario y suficiente del proceso pensar y del contenido pensamiento? Con clara razón Edmund Husserl, en su *Lógica Pura*, también da preferencia al lenguaje, viendo en él el primer peldaño a una interpretación justa y equilibrada no sólo de lo actuado, sino de lo posible dentro del campo de las significaciones.

El lenguaje tiene una íntima relación con la manera de pensar y de sentir. Es llano, sencillo, claro, en aquellos pueblos que por sus exigencias sociológicas piensan clara y sencillamente. No tiene en este caso la complejidad de los pensamientos profundos, la angustia de aquellos problemas que hacen del hombre un ser pletórico de existencialidad. Tal es el tipo que ofrece el idioma inglés que, dedicado a fortalecer las relaciones comerciales fundamentalmente, siendo estas absolutamente claras y terminantes, y sin duda de ninguna especie, adquiere esa sencillez, pristinidad y brevedad tan características, pero también deja de poseer esa profundidad que se nota en idiomas de otros pueblos. No es así el idioma chino, enormemente profundo, en que cada diagrama corresponde a un pensamiento de significación trascendente. En el pueblo chino existen realmente varios idiomas. Uno dedicado a la doxa, como dijera Platón, es decir a las relaciones vulgares; los otros a la epistemé, es decir a los elementos esenciales y absolutamente verdaderos.

Se requiere mucho estudio para llegar a comprender la significación de estos últimos símbolos que señalan horizontes en la inteligencia, característicos de un pueblo sumergido siempre en la meditación, pero también y fundamentalmente en los movimientos angustiosos de sus guerras intestinas y de su defensa frente al invasor de todas y cada una de las partes de la tierra. Ya Keyserling ha notado el mismo asunto al referirse a la escritura china, la más artística, aún tomando en cuenta la escritura árabe. Ha notado la realidad de pensamientos ininteligibles para nosotros los occidentales y la íntima relación que cada símbolo tiene con el aspecto de la naturaleza del mundo circundante.

Es que también esta influencia ha sido recibida por el pueblo japonés, que muestra semejante tendencia, que muestra semejante tendencia, aún cuando sus procesos filosóficos no sean tan profundos como los establecidos en la China tradicional. La significación primaria de la palabra Tao, en chino es aproximadamente el "Sentido" del Universo, el señalamiento de un camino establecido por la mente y la emoción; no tiene entre nosotros una traducción exacta y por lo tanto una comprensión adecuada. La "invariabilidad del medio" sostenida por Confucio, no fue lo suficientemente honda en la concepción aristotélica. En esta última, el aspecto es elemental, rudimentario y nunca llega a tener esa profundidad que se muestra en los estudios del célebre filósofo del Oriente.

Pero no solamente es lo importante la carencia de términos en un idioma para expresar el pensamiento, sino es que el pensamiento no necesita de esos términos, no requiere su empleo, por su limitación o por el desarrollo distinto absolutamente desviado de objetos y propósitos.

Esto es muy palpable en lo que respecta a las relaciones entre los idiomas orientales y occidentales y que podría hacerse notar, con mayor firmeza, a través del sánscrito y aún del bengalés, del árabe y del hebreo, también se muestra en los idiomas antiguos del Occidente, señalando el idioma una barrera de transformación violenta y dialéctica entre el pensamiento griego y el romano, y aún en el tiempo presente entre las expresiones germánicas y la española, por ejemplo.

# EL LENGUAJE Y SU SIGNIFICACIÓN DIALÉCTICA

Es sorprendente ver las relaciones que el lenguaje presenta con la Lógica y aún con la Metafísica tradicionales, en los tratadistas escolásticos.

Este intento, ampliamente especulado por filósofos e investigadores del lenguaje como Cejador, Balmes, Mesén, Bello, Brenés, y en la Escolástica por Tomás de Aquino y Suárez; debe ahora señalarse en un nuevo campo de investigación, es decir, en el dialéctico a que hacemos referencia.

Consecuente con una interpretación metafísica tradicional, Robles Dégano ha investigado la filosofía del verbo, señalando su naturaleza y oficio, en sus aspectos de categorías gramaticales: el verbo y el tiempo y el verbo y el juicio; los modos del verbo a través del número y formas real; además los casos del verbo en sus interpretaciones categoriales, de actos verbales y potenciales verbales; casos de modo formal substitución de tiempo; y por último la subordinación del verbo a través de vocablos lógicos, oficio de palabras, oraciones substantivas y oraciones accidentales.

La documentación de este autor es verdaderamente asombrosa, señala los principios metafísicos de Aristóteles, Boecio, Suárez, de Agustín de Hipona, Clemente de Alejandría, Scoto y Juan Damasco; los relativamente modernos de Balmes, Bello, Cejador y Mirr; y se adhiere fundamentalmente al pensamiento de Tomás de Aquino, principal expositor de la Metafísica Escolástica.

Sólo diremos, para dar un bosquejo de esta nueva interpretación, que al estudiar las categorías gramaticales se investiga las relaciones entre el modo de concebir y el de ser, aduciendo textos de Tomás y Escoto; al estudiar el verbo y el tiempo se especula: qué es significar con tiempo, el movimiento concebido como acción según la doctrina escolástica; al señalar la naturaleza y número de los modos del verbo, se trata de encontrar su raíz en la Metafísica, trayendo al tapete de la discusión las teorías de Cejador y Balmes, de Bello y la Academia. El modo real, el actual y el potencial señalan ya un punto de vista relacionado con los modos trascendentales de las cosas y con la aportación de una Ontología tradicional. Al investigar los casos del verbo se hace hincapié en el sinnúmero de cuestiones de Metafísica y Lógica, subordinada a esta última a la primera.

## Nuestro objetivo

El intento anterior nos hace ver la posibilidad de relacionar el fenómeno del lenguaje, no ya con la Metafísica tradicional que no tiene razón de ser, sino con la Dialéctica, como una fundamentación clara de un devenir manifiesto de todo lo existente.

No está lejana la doctrina que debe afirmar que la manera de pensar y de expresarse es una manifestación palpable de la manera de actuar de los hombres. Y si los escolásticos del tipo de Robles Dégano fundamentan una doctrina en que las categorías lógicas y los modos del verbo están en íntima relación con la naturaleza del ser y con todas las variantes ontológicas de los seres posibles y actuales, fácilmente puede comprenderse la importancia que tendría el relacionar el problema de la expresión o sea del lenguaje y el devenir dialéctico de todo lo existente y especialmente de la naturaleza humana.

Este nuevo intento debe hacerse para servir de base, ya no sólo a la Metodología propia de la Lingüística, sino a la Pedagogía de los idiomas. La enseñanza de las lenguas debe tener como fundamento los antecedentes lingüísticos con todas sus ramas y el desarrollo dialéctico del propio idioma. Con el objeto, no sólo de dar una explicación satisfactoria a las transformaciones fonéticas morfológicas, sintácticas, etc., de cada idioma, sino también para señalar un derrotero más de acuerdo con esa manera del devenir social, que estructura esa otra manera del devenir expresivo del lenguaje.

Así como las ciencias se expresan y deben estudiarse dialécticamente, señalando cada uno de sus aspectos de verdad a través de una manera de pensar ajustada a la lucha de clases y al establecimiento de una economía determinada; así como también se estudia la Estética, el Derecho, etc., en una palabra, los valores, como manifestaciones claras del desarrollo dialéctico de la cultura, establecida sobre la base de una manifestación económica, dialécticamente desenvuelta; así también la enseñanza del lenguaje debe establecerse sobre esos fundamentos del método que transforma radicalmente la pedagogía tradicional.

# LINGÜÍSTICA Y TÉCNICA

Ha sido últimamente objeto la Lingüística de un estudio detenido por parte de organismos especializados de la U.R.S.S. Cohen, profesor de la Escuela de Lenguas Orientales en Francia, ha señalado los caracteres distintivos de esta nueva tendencia.

## El problema de la Lingüística

La lingüística, íntimamente relacionada con la Pedagogía del lenguaje, ha sido llevada al campo de explicación dialéctica. Su estudio no es nada sencillo, pues sus conexiones son numerosas con otras ciencias y poco se ha elaborado en su propio terreno. Fue hasta 1928 cuando se logró realizar el Primer Congreso Internacional de Lingüísticas, pero aún en aquella época no se señaló con claridad el método con que debería de ser escudriñado el fenómeno. La historia de la Lingüística como verdadera ciencia comienza propiamente en el siglo XIX.

Es cierto que en el siglo anterior se había abordado el mismo asunto señalándose, al lado de las lenguas semíticas, hebreo y árabe, más antiguamente conocidas en el cuadro mediterráneo; las lenguas antiguas indo-europeas del Oriente, el sánscrito, el zend y otros. Dos grandes familias indo-europeas, relacionadas íntimamente con el griego, el latín, el eslavo antiguo, el gótico y otras varias. Se pretendió entonces no sólo estudiar estas fuentes, sino también explorar los idiomas de la América, del África y de la Oceanía.

Pero en los siglos antes mencionados, únicamente se hizo recolección de datos, tal como sucediera en el estudio de la Jurisprudencia Comparada, desenvuelta fundamentalmente por Kohler. Se tuvieron datos en abundancia, pero la interpretación no fue posible, ya que no se poseía un método propio y adecuado. Nace la Gramática Comparada que erróneamente se le confunde con la Lingüística. Sin embargo viene a fortalecer este primer intento una ciencia indispensable, la Fonética; el análisis metódico de los sonidos del lenguaje que tiene íntima relación con la Fisiología, la Física y en especial la Acústica. Esta ciencia sirve de base actualmente a una de las ramas técnicas más interesantes: el grabado del sonido a través de los discos fonográficos, los rayos X y, el cinema; y aún es aprovechada para explicar muchos de los fenómenos de la Psicología.

Ahora con una documentación amplísima en todos los campos de idiomas antiguos y modernos, un estudio comparativo en cuanto a la estructura gramatical del idioma, una ciencia fonética desarrollada en laboratorios; nace la Lingüística General que se ha preocupado del estudio de las condiciones de la evolución de las lenguas, de ese proceso constante que se señala con las características de una dialéctica en que existen revoluciones o transformaciones bruscas, fijaciones momentáneas que no son más que síntesis de contradictorios. El fenómeno fonético, el morfológico, el sintáctico, ninguno de ellos queda aislado, tienen todos una íntima conexión y aparecen en la Lingüística General en íntima relación con la mentalidad del pueblo, y esta mentalidad dependiente de las exigencias de los fenómenos económicos.

La Lingüística es una ciencia social que tiene una nueva interpretación si aplicamos el método dialéctico. El problema fundamental el de buscar, cómo el lenguaje es el producto de un medio social determinado; satisface las necesidades biológicas y aún más, económicas de un pueblo y de una época. La Etnología es en este caso de enorme importancia pero lo es más aún, el conocimiento del proceso económico que explica suficientemente las relaciones culturales de cada población.

## El problema de la Pedagogía

Bien se ve que para establecer una pedagogía suficientemente fundamentada, es indispensable abordar con toda seriedad un estudio de lingüística e ir interpretando su desenvolvimiento conforme al método a que hemos hecho mención.

Al estudiar Sauvageot, profesor también de la Escuela de Lenguas Orientales de Francia, las relaciones entre la Lingüística y el Marxismo, nos da interesantes conquistas sobre el particular. Afirma la investigación sistemática de Marr (al estudiar determinadas lenguas del Cáucaso), establece el método a base de materialismo dialéctico, contrariando la Gramática comparada clásica. El nuevo método es llamado por este investigador Paleontología Lingüística. Para él la creación del lenguaje hablado responde a la necesidad de la lucha de clases. Se afirma el idioma de la clase privilegiada que, apoyándose en esta arma, sabe dominar a las demás clases. Siguiendo esta escuela, Poppe ha iniciado la formación de la Gramática del idioma mongol y una verdadera pléyade de marxistas ha pretendido realizar, en el campo de la Lingüística, las dos afirmaciones fundamentales: la dialéctica y su aplicación sociológica como lucha de clases.

# EL MÉTODO DIALÉCTICO COMO BASE DE LA PEDAGOGÍA DE LOS IDIOMAS

Para concretar nuestro punto de vista señalamos algunos caracteres de la Pedagogía Dialéctica aplicada a los idiomas tal como la hemos concebido.

En primer término debe establecerse una relación íntima entre las expresiones enseñadas y la realidad circundante, especialmente afirmadas en el proceso dialéctico de las fuerzas productoras de la sociedad.

Coordinar suficientemente el pensamiento y su expresión en el lenguaje con las exigencias del instante, pero no sólo en lo que respecta a los asuntos de cultura, sino en lo que tiene que ver con la manera característica de nuestro tiempo, es decir, sobre la base de una infraestructura fuertemente afianzada en cada momento de la historia de un pueblo determinado o de la humanidad en su totalidad.

Así también, debe señalarse la enseñanza del lenguaje, afirmando la posición lingüística y auxiliándose de esta última investigación, para desenvolver correctamente el proceso educativo.

Afirmar la contradicción de la tesis y la antítesis, es decir, de los contradictorios en todos los elementos del lenguaje, ya sean en el campo morfológico, ya de relación pensante, sintáctica o fonética para hacer palpable la síntesis de cada realización cultural. Contrarios como el carácter nominal y el verbal, el abstracto y el concreto, las frases y las palabras, etc., de cada idioma, hacen ver que la frase totalitaria o expresiva de un pensamiento cabal y completo, es una síntesis perfecta, una negación de negación según los criterios dialécticos.

Estimar que las palabras no se han formado uniendo sílabas, sino desmembrando frases, y además sobre la base de síntesis de contrarios en que la expresión ha tenido una realización pareja a la establecida en el mundo de las realidades.

Hacer una referencia de correlación entre la causa y el efecto, en acción recíproca del lenguaje con la moral, la política, la ciencia, la estética, etc., para establecer las fuentes de un proceso de coordinación en uno de los aspectos dialécticos.

Señalar un lenguaje adecuado a la intelección de nuestro momento y a las exigencias técnicas del proceso de las fuerzas vivas del país.

Y compendiando todo este problema, adentrar al alumno en el campo de la realidad social, no con frases de los clásicos que sirvieron para épocas de pensar y sentir distinto al nuestro, no con memorización amplísima de sustantivos, adjetivos, verbos, etc., para que más tarde el alumno los reúna trabajosamente, ya que este método contradice el proceso natural del aprendizaje del idioma, sino con las frases de la colectividad que trata de afirmarse en el poder, tal como acontece con la proletaria, empleando sus propios pensamientos y la manera de realizar sus fines en una praxis integral.

Así también es aconsejable quitar el carácter académico en la pedagogía de los idiomas, señalando la práctica inmediata con todas aquellas frases y expresiones al contacto tanto de las fuerzas vivas de la producción de un país, de los pensamientos, de la política actual, de la técnica y elaboración científica, como la cultura en todos sus aspectos y finalidades.

Y todo, guiado, por un pensamiento dialéctico en que se noten con claridad los términos de este método, las contradicciones, las síntesis, los saltos bruscos, la acción recíproca, la negación de la negación y el sentido de un lenguaje ajustado a una lucha de clases como una afirmación suprema del devenir dialéctico de la historia para afirmar la posición económica de las masas laborantes, finalidad suprema del momento que vivimos.

# SALUD

# ANTEPROYECTO DE BASES PARA LA SUPERVISIÓN ESCOLAR DE SEGUNDA ENSEÑANZA

## VOTO PARTICULAR DEL DR. ADALBERTO GARCIA DE MENDOZA,

Miembro del Consejo Técnico de Supervisión para la formulación de los antecedentes a las Bases de Supervisión.

# ANTECEDENTES

La Supervisión es una de las labores pedagógicas y sociales de mayor trascendencia en las escuelas modernas, desde los Kindergarten hasta las Facultades Universitarias. Especialmente es efectiva en la Enseñanza Elemental y Secundarias ya que los niños, adolescentes y jóvenes que integran su población son elementos que deben encausarse por el sendero más apropiado para llegar a integrar su propia personalidad y formar conglomerados sociales de progreso y de cultura.

Antiguamente la Supervisión había sido una simple inspección en donde, el maestro encargado de tal labor, solo se concretaba a señalar defectos, exigir el cumplimiento exacto de planes y programas, disposiciones y reglamentos en vigor. Tal parecía una inspección policiaca tradicional, y en realidad una obra deshumanizada rigorista, legalista, sin contenido y sólo ocasionando el resentimiento de maestros, el espanto de alumnos y la molestia a los directivos.

Por ventura ha venido una época de grandes renovaciones en los métodos de enseñanza. Un espíritu humanista se perfila en todas las actividades de los mentores y directivos. Si encontramos al maestro dispuesto a impartir su enseñanza con ejemplos vivientes, auxiliado de experiencias que confirman leyes, y principios sobre la naturaleza y el hombre, entusiasmando a sus alumnos con la práctica rudimentaria y de altura de los postulados filosóficos, artísticos, científicos y técnicos; es indudable que la Supervisión debe seguir el mismo ejemplo, máxime que está dedicada a la coordinación de trabajos magisteriales para lograr, no sólo la comprensión y aprendizaje de las materias del Plan de Estudios, sino la formación integral del alumno, la dignificación del maestro y el estímulo para que los directivos de las Escuelas logren sus más caros anhelos a favor de la Patria y de la Humanidad.

Difícil labor es la del maestro para ajustarse a la psicología del niño, del adolescente y del joven y a la vez logre su adelanto y formación convirtiéndolo poco a poco en un ser dotado de facultades intelectivas y emocionales, de voluntad y deseos para formar una sociedad fincada sobre el progreso material y espiritual de sus componentes, y sobre la realización efectiva de la cultura.

Labor difícil de los directivos es el lograr la coordinación de los intereses económicos con las finalidades de una buena enseñanza. Retribuir suficiente y honradamente a sus maestros, proporcionar edificios y útiles aprovechables para la enseñanza; encontrar el camino placentero para que el joven se sienta pletórico de vida y rebosante de salud espiritual.

Pero más difícil es la labor de los supervisores que toman en cuenta las condiciones de los edificios, los equipos de laboratorio y de entrenamiento a ejercicios físicos y de lugares de diversión sana; y a la vez, el encausamiento de los maestros para que logren, con esfuerzos humanos y entusiastas su labor encomendada. Y todo ello conduciendo a un solo fin: mejorar las condiciones relacionadas con el aprendizaje, es decir, todas las exigencias materiales y espirituales para que el alumno se compenetre de las bondades que la matemática, la física, la biología, la historia, etc., contiene; y además se logre el desarrollo mental, físico y espiritual del propio alumno. Dos propósitos que vienen siendo uno solo. Si se enseñan las diferentes materias del Plan de Estudios, es porque la mente de quienes las forjaron está atenta a fines superiores señalándose, en primer término, la integración de la personalidad tanto individual como colectiva, la fortaleza de los pueblos por naciones y patrias y el porvenir de la humanidad, ahora más que nunca necesitada de la fortaleza espiritual.

Para lograr una buena Supervisión no será la meta alentar la construcción de edificios suntuosos. Formación de escuelas encargadas únicamente para alumnos adinerados; sino de pugnar porque las escuelas sean confortables sin ostentación, la naturaleza sea estimada en su belleza, los alumnos se distingan por la elevación de sus valores morales y de saber y sus maestros demuestren benevolencia, conocimiento y satisfacción.

Si nuestro pueblo está necesitado de escuelas de este tipo, el Supervisor, más humano que sabio, debe estimular el trabajo en común de directores, maestros y alumnos para un logro máximo: la creación de una comunidad feliz, virtuosa, anhelante y formadora de todos los valores.

En el Supervisor no será, en adelante, el especialista que ha llegado a forjarse la idea del mundo como contenido de una simple combinación química o una complicada ecuación matemática. Algo mucho más se exige de él. Debe ser ante todo un ser dotado de sentido humano. Que esté palpando la realidad social, las ideas fuerzas que han alentado al pueblo en sus luchas y conquistas, dolores y alegrías. Que tenga conciencia clara de que su labor no debe ser egoísta y de simple partido, sino amplia como corresponde al forjador de almas que apenas empiezan a caminar por el sendero de la existencia.

Por ello, debe tener un concepto filosófico amplio y profundo de lo que significa el mundo y la vida. Concepción que abarque en su calidad de humanista, todos los horizontes de la ciencia, de las artes, de la filosofía y de la religión.

Basta recorrer la historia de la pedagogía para encontrar, en cada época, la razón única de la enseñanza.

Grecia nos presenta un sistema de formación democrática y ciudadana de primer orden. Roma es la forjadora de una enseñanza utilitarista y pragmática sobre la base estoica de dominio. La Edad Media supone un espíritu religioso para llegar como fin al logro de una felicidad supra terrestre. El Renacimiento contribuye a la formación de un espíritu amante de la naturaleza y en un sentido muy reducido del hombre. La Edad Moderna forja la educación con propósitos de acuerdo con el adelanto vigoroso de las ciencias físico-matemáticas y lamentablemente con el olvido de las actitudes espirituales.

Por eso nuestra época exige un nuevo humanismo que no será otro que el ya anhelado y practicado en épocas remotas y que debe tener nuevos aspectos afines a nuestra época. Resumir lo que las culturas antiguas tuvieron de bueno, lo que hizo factible el Logos en Grecia, la Ley en Roma, el Evangelio en Judea; la aspiración al infinito en la Edad Media, la sencillez de la ciencia en el Renacimiento y el sentimiento de libertad política en el siglo XVIII. Nuestro época lo está exigiendo: el resurgimiento de una filosofía llena de vitalidad, un arte en donde la disonancia forme un orden nuevo de belleza, una ciencia sobre base moral que conquiste el microcosmos del átomo y el macrocosmos de las galaxias únicamente para la felicidad y la paz del mundo. Pero sobre todo de una paz forjada sobre la virtud, la igualdad de las razas, la comprensión de las culturas y el ejercicio de una libertad responsable.

Con cuánta razón el C. Director de Segunda Enseñanza, maestro José Antonio Magaña ha señalado, como el contenido de la Supervisión para este ambiente de enseñanza, lo siguiente: "Supervisión es un servicio que dirige el aprendizaje, entendiendo éste como crecimiento mental del alumno; pues todo el sistema escolar tiene por finalidad estimular con el aprendizaje dicho desarrollo. Por tanto, la supervisión es dirección del proceso educativo".

Y es evidente que sobre semejantes cimientos, debe la Supervisión señalar nueva metodología en la enseñanza de las ciencias, la Historia, las artes y la cultura general. Esta nueva metodología debe tomar en cuenta los datos y conquistas dados por la psicología en sus múltiples facetas, las experiencias pedagógicas y las exigencias del dominio del medio físico y de la autodeterminación del espíritu humano.

Con estos antecedentes de la finalidad y de la naturaleza de la Supervisión, los medios para llevarla a cabo contendrán los siguientes aspectos de interés vario.

I. En primer lugar las condiciones de la enseñanza deben mejorarse. Estas condiciones se refieren a elementos materiales como edificio, salones de clase, equipos para laboratorio, campos de recreo, etc.; así como a las cualidades psico-biológicas de los estudiantes, de los maestros y de los directivos.

Entre las condiciones del maestro deben señalarse, mejores salarios, distribución conveniente de sus horas de clases, capacitación de una amplia responsabilidad fincada en estudios previos, grados académicos y mejor adaptación a un carácter bondadoso y optimista de la vida.

Entre las condiciones de los directivos está el propósito de estimular convenientemente el trabajo de los maestros con salarios justos, dejando a un lado los oropeles y las ostentaciones, así como participar con ellos de sus progresos y solicitar su ayuda en caso de decadencia de las escuelas.

Entre las condiciones de los alumnos es conveniente tomar en cuenta el medio social en que viven, su nutrición y todas las consecuencias que trae un medio de disipación y banalidad.

La Supervisión atenderá a estos caracteres para que sea efectiva. No es conveniente exigir a un niño desnutrido, viviendo en un medio de miseria y aún de relajamiento moral, un rendimiento intelectual satisfactorio; ni a un maestro mal pagado, con grupos recargados de alumnos, y por lo tanto, contrariando toda técnica pedagógica recomendable; en muchas ocasiones trabajando en salas de clases llenas de ruido y poco higiénicas, y teniendo necesidad de dedicar su tiempo a muchas labores mal remuneradas, una enseñanza buena, un carácter bondadoso y placentero, todo un dechado de felicidad y de entrega desbordante. ¡Cuánta miseria guardan muchos maestros e infinidad de niños que sufren la vanagloria de la sociedad, el despilfarro de los hogares y a la vez el descuido de Instituciones sin escrúpulos!

II. La Supervisión, por otra parte, debe no desatender el fin principal de la enseñanza, la formación de la personalidad del alumno. Si es Inspector General, atender al contenido de toda la enseñanza y la participación que cada materia tiene en este gran propósito. Si es Jefe de Enseñanza, buscar los medios mejores para que la disciplina de su especialidad sea mejor impartida y rinda los frutos sanos que hagan factible el ideal de la enseñanza.

Distribuir convenientemente los trabajos para jornadas patrióticas, continentales y humanitarias será de la incumbencia del Inspector General; y en especial, alentar con positivos triunfos el adelanto de la materia que supervise. El Jefe de Enseñanza y su Academia de profesores deben formar el cuerpo de técnicos que laboren los mejores programas de clase, las pruebas de aprovechamientos, los lineamientos de las nuevas doctrinas pedagógicas y metodológicas de su especialidad y el contenido de su materia.

Con cuánta razón el mismo Maestro Magaña ha perfilado estas finalidades al decirnos:

"Las unidades de trabajo de cada especialidad serán planeadas en el seno de las academias correspondientes, señalando las comprensiones, los sentimientos, los ideales, las destrezas, y demás actitudes ciudadanas implícitas en las finalidades generales de la educación. En esta planeación se harán las previsiones de las actividades de aprendizaje más adecuadas para el caso; así como de los materiales, instrumentos y la literatura indispensable; se discutirán también los procedimientos pedagógicos posibles, para emplear los que se consideren más adecuados"

Para dicho maestro la importancia de las opiniones de las diversas Academias es muy de tomar en cuenta. "Los maestros desarrollarán las unidades de trabajo de acuerdo con los patrones aprobados en academia de la especialidad y durante este proceso el supervisor registrará la eficacia lograda en los distintos factores que intervienen en la enseñanza. Una vez realizada la unidad, deben ser estimados los resultados obtenidos en la formación ciudadana de los alumnos. Por tanto, dicha estimación debe ser hecha con el propósito de determinar el grado de comprensión, los sentimientos, las destrezas y las actitudes que desarrollaron los alumnos con dicha unidad".

"Deberán ser establecidos los procedimientos para hacer este avalúo integral".

Únicamente a esta amplísima facultad sugerimos las siguientes limitaciones:

En primer lugar las academias no deben sentirse legisladoras, sino más bien ejecutivas en lo que respecta al logro de los Planes de Estudio y programas, que cuerpos especializados hayan formulado. Su papel debe ser de informadores, proporcionando sugestiones y aportando los resultados de sus conocimientos de especialidad y de su experiencia magisterial.

En segundo lugar deben evitarse ciertas tendencias localistas que no deben afectar al conjunto por su carácter privativo y nada universal.

III. El tercer término debe la Supervisión aconsejar las mejoras técnicas para explorar los resultados de la enseñanza. Estas técnicas deben ser objetivas. Su propósito es corregir deficiencias a la vez que cuantificar los resultados definitivos. Cada Supervisor ayudará a los maestros a investigar los factores de éxito o de fracaso en el método empleado para la enseñanza de cada materia. Estimulará el empleo de técnicas adecuadas y eficaces. En una palabra, debe favorecer el uso correcto y eficiente de técnicas favorables a los fines de la enseñanza, así como desechar todos aquellos procedimientos que no conducen sino al aniquilamiento de la personalidad y de la cultura.

IV. Señalar en cuarto lugar la conveniencia de que todo conocimiento tenga una inmediata aplicación a la región y al medio en que se encuentra la escuela para favorecer a la política general de nuestra patria.

No cabe duda de que cada pueblo tiene sus exigencias y estas deben ser resueltas en parte, por la enseñanza. Para que los recursos naturales sean aprovechados convenientemente es indispensable enseñar las técnicas apropiadas. Así también el mismo cultivo de los valores espirituales, como la belleza de las artes folklóricas, es indispensable para crear un mejor sentimiento patriótico. Toda proyección a esta actividad es una conquista beneficiosa. La Supervisión debe atenderla si se quiere formar una nacionalidad fuerte y consciente.

V. Pero la Supervisión debe tener en cuenta que la Segunda Enseñanza no es suficiente para formar técnicos y profesionales, entonces queda para dicha labor la de estimular las actitudes científicas, estéticas, éticas, sociales de todos los educandos.

Esta formación de actitudes es básica. Sólo se hará en el campo de la ciencia si damos bases serias de estructura lógica, lo que se logra especialmente por la enseñanza severa de las matemáticas, la observación y experimentación en las ciencias naturales y la interpretación justa de los fenómenos de la historia.

Actitud para llegar a comprender y más aún a vivir los progresos de la cultura a través de los tiempos, elemento indispensable para formar la naturaleza de las personas cultas. Por falta de actitud, profesores de moral son perfectamente inmorales, maestros de estética jamás han gozado y apreciado la belleza de un cuadro pictórico, de una polifonía musical. Por ausencia de actitud, sólo encontramos memoristas de doctrinas filosóficas, de tesis científicas, de teorías estéticas, de fórmulas morales.

Necesitamos hombres que con actitudes honestas y vividas, sean ejemplos de honestidad sin alharacas y espavientos, paradigmas de sabiduría sin forzamientos ni desplantes de sabihondos; sean hombres íntegros como microcosmos y seres realizadores de una clara humanidad.

VI. Por último, la Supervisión debe, dentro de sus posibilidades, estimular las luchas contra la inmoralidad existente en el medio social. Es penoso ver cómo las más exquisitas conquistas de la inteligencia como son la radio, el cine, el teatro, la televisión, etc., en lugar de proporcionar el bienestar y llevar mensajes de salud a nuestra juventud, son los portadores de las más vergonzosas manifestaciones. Delitos, injurias, bajas pasiones, se ven expuestas en revistas, cintas cinematográficas y otros medios de trasmisión, como factores que están colaborando a la desintegración de la sociedad.

# PERSONAS QUE EJERCEN LA SUPERVISIÓN

Si ahora nos referimos a las personas encargadas de la Supervisión debemos considerar dos grupos de técnicos: los Supervisores Generales o Inspectores Generales y los Supervisores Especiales en primer término; pero debemos agregar muchas más personas que colaboran con ellos. En primer término los Directores, los Jefes de Clase, así como los padres de familia e indudablemente los mismos maestros. Labor de cooperación debe ser esta para que de sus mejores frutos.

Todos ellos deben tener el más noble propósito en el desempeño de la Supervisión ya que está dirigida al encauzamiento mental del alumno, a la formación de auténticos ciudadanos y mujeres de hogar, al desenvolvimiento de los pueblos que tienen su porvenir pintado en la más amplia responsabilidad sobre una capacitación intelectiva y su conciencia moral debe ser de primer orden.

Nosotros contemplamos que todas las grandes iniciativas que guían a las Instituciones más nobles de México están respondiendo a un llamado no sólo de los habitantes de la República, sino del mundo entero. México, en el momento actual, ha llegado a triunfar en la diplomacia y en la cultura presidiendo la Liga de las Naciones Unidas, y la UNESCO, Instituciones de carácter mundial e integradas por los cerebros más selectos de las naciones más cultas y amantes de la paz; y es conveniente que todos los mexicanos pensemos que esta situación internacional no es aleatoria y debemos fortalecerla alejándonos de las mezquindades y destruyendo esos seres humanos que sólo sueñan en oropeles de salón y en glorias de oportunidad. Por esto mismo los supervisores, encargados de encauzar la enseñanza nacional, deben ser hombres y mujeres con nobleza espiritual. No entresacados de museos de antigüedades, sino escogidos de cerebros firmes en conocimientos y corazones vigorosos en bondad y comprensión humana.

## PROCEDIMIENTOS

En primer lugar debe señalarse como básico para el procedimiento el ajustarse a lo establecido en el Reglamento Interior. Los más grandes pueblos y las más bellas épocas de la Historia se han forjado atendiendo al trabajo desinteresado de estos hombres, que por ventura no están en catálogo de capacidad, ni son productos sazonados única y exclusivamente por los años.

## PROCEDIMIENTOS

En primer lugar debe señalarse como básico para el procedimiento lo contenido en los incisos correspondientes a los capítulos 3º. y 4º. del Reglamento Interior de Trabajo de las Escuelas de Segunda Enseñanza, publicado en el Diario Oficial del 14 de septiembre de 1946.

El capítulo 3º., Artículos 23 a 28 inclusive está dedicado a la labor de los Jefes de Enseñanza, no se habla de los Inspectores Generales del Distrito Federal y esto constituye un defecto capital. El artículo 4º. del mismo ordenamiento se refiere a los Inspectores de Escuelas Foráneas, comprende los artículos 29 al 31 inclusive. Estos dos capítulos únicamente se refieren a los Jefes de Enseñanza de las Escuelas Oficiales, lo que hace patente la falta de un capítulo dedicado a la actividad de los Jefes de Enseñanza e Inspectores Generales para las Escuelas Particulares Incorporadas tanto del Distrito Federal como de la República. Supervisión, esta última, que tiene caracteres específicos que merecen ser reglamentados con suficiente penetración y estudio.

Por lo que se refiere a lo que estos artículos suponen como Supervisión, así como a los medios para llevarla a cabo, encontramos los siguientes elementos:

En primer término el carácter de la Supervisión es técnico, pedagógico, de organización, estudio e investigación. Artículo 23.

En segundo lugar, las atribuciones de los Jefes de Enseñanza son:

# I. Procedimientos Generales

Inspeccionar las clases de la materia de su especialidad con el propósito de vigilar y encauzar el desarrollo del trabajo docente, y ayudar y estimular a los maestros en el mayor desempeño de su labor. Inciso I del Art. 25. Atribución de carácter general y también de procedimiento.

# II. Mejoramiento del Magisterio

Ayudar al mejoramiento profesional de los maestros tanto con informaciones sobre la materia como sobre orientaciones sobre carreras y estudios. Inciso II. Colaborar con los maestros para una buena interpretación y aplicación de los programas. Inciso III.

Estos dos incisos corresponden a la fijación del procedimiento apropiado para mejorar al maestro y hacerlo apto en la Enseñanza. En el mismo caso encontramos los incisos XVII y XVIII, en cuanto se refieren a los ascensos por riguroso escalafón de los maestros y a la distribución de los mismos catedráticos en las diversas escuelas.

# III. Planes de Estudio y Programas de Asignaturas

Para lograr que las pruebas de aprovechamiento llenen su contenido, se faculta al superior a:

Formar parte en la elaboración de programas de la asignatura. Inciso VI. Formular boletines periódicamente que contengan los temas del programa que deban tratarse. Inciso IX. Resolver los problemas de orientación general y de coordinación que se presenten en la Enseñanza de la Materia. Inciso X. señalar los objetivos especiales de cada asignatura, los métodos y las actividades del maestro y de los alumnos. Inciso XI. Organizar la materia de enseñanza conforme a las necesidades especiales de cada escuela y las exigencias del medio físico y social. Inciso XII. Esto visto, no como finalidad, sino como procedimiento. Y formular los planes y esquemas de trabajo anual, trimestral, etc., procurando se lleven a efecto. Inc.

Estos incisos corresponden a meros procedimientos y medios prácticos para realizar los fines que hemos enunciado en el Consejo Técnico en forma de proyecto. Se refieren especialmente a planes de estudio y a los programas de cada asignatura. Conviene hacer hincapié en que se faculta al Jefe de Clases de estudiar en su propia Academia las reformas que convienen hacer en el Plan de Estudios y en los Programas para darlas a conocer a la Dirección General.

## IV. Pruebas de Aprovechamiento

En estas pruebas encontramos los cuestionarios y además una actividad interesante sugerida por el maestro José Antonio Magaña como es la de llevar el registro de todos los aspectos relacionados con las actividades formativas del alumno. Trabajo indispensable para darse cuenta el supervisor, del progreso del estudiante y principalmente de su vocación profesional.

El inciso IV del Art. 25 se refiere a los cuestionarios y por lo que respecta al 2o. punto o registro, el Consejo Técnico lo establece como punto fundamental en su proyecto de Reglamento.

Elaborar planes de comprobación de los resultados de la enseñanza, como lo establece el inciso XII da lugar a que se estudien todas esas pruebas de acuerdo con los postulados pedagógicos modernos. Por ejemplo, nos permitimos señalar unos cuantos por su interés: el llevar cuestionarios de acuerdo con el programa de clases que deba estarse realizando en esa época del año a los diversos grupos y experimentarlos; proponer cuestiones relacionadas con los programas para que en plazos convenientes se realicen trabajos en donde se demuestre una justa asimilación de conocimientos y se manifiesten criterios originales; organizar concursos sobre bases serias y con estímulos, entre otros el de otorgar becas para años de estudio en la República o en el extranjero, recompensa muy benéfica para el estudiante, en lugar de aquellas recompensas insignificantes como cantidades de dinero, diplomas, medallas, bandas, etc.

## V. De las Academias

Las Academias formadas por los Profesores de la asignatura, deben tener labores perfectamente definidas. Son cenáculos en donde deben impartirse los siguientes conocimientos, así como tomar los acuerdos más convenientes sobre los puntos consignados a continuación:

a) Definir el contenido de la materia. La justa interpretación y aplicación de los programas de acuerdo con las conquistas de la ciencia, del arte o elemento de conocimiento de su incumbencia.

b) Hacer notar las nuevas contribuciones a dicha rama del saber humano y buscar su justa aplicación dentro de las necesidades de la enseñanza secundaria.

c) Tratar de los procedimientos pedagógicos modernos adecuados a las diversas materias y tomando en cuenta las condiciones en que se encuentran los alumnos y maestros de cada localidad.

d) Estudiar las reformas que se crean convenientes a los planes de estudio y programas de clase, con el objeto de dar la información correspondiente a la Dirección General. Esta labor está consignada en el Inciso XV del citado Art. 25.

e) Resolver los problemas técnicos pedagógicos de los maestros.

f) Promover la cooperación de todos los maestros para formar bibliotecas, archivos de aparatos y equipos que puedan ser de utilidad para todos y cada uno de dichos maestros.

Estos propósitos deben formar parte de lo que en una forma vaguísima se insinúa en la fracción XIII y que es necesario puntualizar.

Debemos hacer notar que todos estos puntos pueden tomarse como procedimientos para llegar a la realización de los fines de la Supervisión. El primer aspecto se refiere a la naturaleza de la Supervisión en general; el segundo, al mejoramiento de los maestros; el tercero, a la naturaleza de los planes de estudio y programas de asignatura; el cuarto, a las pruebas de aprovechamiento; el quinto, a la actividad de conglomerados de maestros como son las Academias.

Debemos advertir que estas asambleas no sólo deben referirse a las Academias sino también a otras que a continuación mencionamos:

## VI. De otras reuniones

Sugerimos las siguientes reuniones de maestros para abordar los varios problemas de la enseñanza y que, por su carácter más general deben ser presididas por Inspectores Generales de Enseñanza, Jefes de Departamento o Dirección General:

a) Reunión de maestros de asignaturas afines para lograr que la enseñanza sea más coordinada y mejor orientada. Por ejemplo, los maestros de matemáticas, física, química y dibujo lineal deben agruparse para establecer contenidos y métodos de mayor efectividad por la penetración que unas y otras de dichas materias, tienen.

b) Reunión de profesores de todas las asignaturas en cada escuela para enterarse de los problemas generales de la enseñanza y promover actividades colectivas de alcance universal.

c) Realización de congresos técnicos pedagógicos, tanto nacionales como internacionales, en donde se trate asuntos referidos a la enseñanza Secundaria o enseñanzas similares o equivalentes en los países extranjeros, con la ayuda de hombres de ciencia, filósofos, etc. Ya el reciente progreso de carácter nacional, iniciado y llevado a cabo por el actual Director General, Maestro Magaña ha sido un inicio de enorme importancia en esta clase de comprensión y colaboración de maestros.

## VII. De carácter administrativo

El inciso XX del citado artículo establece como facultad del Jefe de Enseñanza, revisar los horarios para darles a las asignaturas su lugar adecuado; los incisos XXII y XVI el informar a los directores de las disposiciones que se dictan a los maestros y de su actuación presentando sugestiones convenientes. El Jefe de Enseñanza podrá también intervenir en la resolución de problemas técnico pedagógicos para conservar la armonía en el trabajo escolar. Inciso V. Además debe tener ayudantes en el desempeño de sus labores. Inciso XXI. Concurrir a acuerdos con los Jefes de Departamento, rendir informes diarios, mensuales, semestrales y anuales. Inciso XXIII. Por último, los artículos 26, 27 y 28 le facultan a intervenir en la designación de Jefes de Clase que le ayuden y auxilien en sus labores.

## VIII. De los Inspectores

Los artículos del capítulo 4º. del reglamento se refieren a las actividades de los Inspectores Foráneos y estimamos que está muy completo. Falta, sin embargo, la reglamentación de los Inspectores

Generales en el Distrito Federal; y la de los Jefes de Enseñanza de Escuelas Particulares Incorporadas. Estimo que esta reglamentación debe ser formulada por quienes les corresponda.

Por lo expuesto debe formarse el reglamento para ordenar lo que casuísticamente está señalado para las labores de los Supervisores, según un orden sistemático, de acuerdo con los fines establecidos y la naturaleza de los procedimientos.

En seguida debe puntualizarse en dicho reglamento a la actividad de los supervisores de que hemos hablado anteriormente.

Falta por último en el reglamento la especificación de los fines completos de la Supervisión según el espíritu moderno que la anima en nuestra época en las mejores organizaciones del país y del mundo.

## MÉTODO CIENTÍFICO

Todo trabajo intelectual requiere un método para su elaboración y difusión. La enseñanza corresponda a la trasmisión de conocimientos, por lo tanto, exige un método determinado. El Consejo Técnico creyó pertinente especificarlo para no dejar dudas sobre el particular y se inclinó a favor del llamado método científico.

Es indispensable precisar su contenido, sus caracteres generales y su aplicación. Ya el maestro Magaña en circulares y en conferencias ha perfilado los caracteres generales de este método y nos vamos a permitir presentarlos en forma sintética.

En su conferencia sobre el tema "Papel de la Cultura en la Integración de la Personalidad", después de relatar el proceso del conocimiento en el niño desde el acto de nacer hasta ingresar a la escuela, con suficiente documentación científica afirma:

"La escuela es continuadora de la obra educativa del hogar; con excitantes culturales adecuados estimula el crecimiento expansivo de la inteligencia con las tres direcciones de la actividad mental. Cuando el niño ingresa a la escuela es poseedor del lenguaje oral, y sólo va a continuar su desarrollo lingüístico con nuevas comprensiones y sus símbolos, y con la habilidad para leer y escribir, forma lingüística que amplía la comunicación por encima de las barreras del tiempo y del espacio que separan a los hombres. Los maestros siguen estimulando el desarrollo del pensamiento matemático mediante nuevas y más hondas comprensiones del significado de las relaciones cuantitativas implícitas en las cosas. El desarrollo del pensamiento científico es estimulado por medio de la experiencia derivada de la acción recíproca del organismo con las cosas y hechos de la naturaleza, con lo que el alumno alcanza cada vez más extensa y profunda comprensión del significado verdadero implicado en tales hechos. El desarrollo de la mente estética continúa mediante la estimulación con los patrones artísticos de la música, de la poesía y de las demás artes, desarrollando la comprensión de tales patrones y la respuesta emocional ante los mismos. El desarrollo de su mente moral es estimulado con la comprensión progresiva de los derechos y obligaciones que lo ligan a su sociedad; con la interpretación de los hechos históricos, y la aceptación gradual de las pautas morales que, unidas en el sentimiento y la acción, van convirtiendo al individuo en un auto legislador que obra espontáneamente y no por compulsión. Su sentimiento de seguridad aumenta con el rango de sus relaciones sociales y la conciencia de su propia habilidad. Se respeta y respeta a los demás, porque ha percibido la dignidad y se considera digno de ella".

"Esbozada la función general de la cultura en la formación de la personalidad, fácil tarea es diferenciar la función particular de la enseñanza de las ciencias en la escuela secundaria, la cual consiste en favorecer el desarrollo del pensamiento científico del adolescente, mediante la comprensión de las verdades implícitas en los hechos de la naturaleza; lo cual significa la formación de actitudes científicas, o sean modos de pensar, de sentir y de obrar acordes con la realidad física y social; lo cual significa, en una palabra, promover el progreso del estudiante "como persona".

"El pensamiento científico surge de la acción recíproca del organismo con el medio, y su estímulo específico es toda significación de relaciones ocultas a su comprensión y que el individuo quiere explicar: el problema. Cuando esto sucede, el individuo observa perspicazmente y recoge con paciencia todos los datos pertinentes después los interpreta sagazmente y con el auxilio de su imaginación registra todas las explicaciones probables; por último, la experimentación rigurosa dilucida la explicación válida del problema: su resolución. El método científico es un modo venturoso de pensar que nos conduce a la verdad".

Los frutos de esta actividad científica, el Maestro Magaña los resume así:

a) Extiende y profundiza la comprensión de los fenómenos.
b) Engendra la convicción sobre las relaciones universales de causalidad, que libera al individuo de la incertidumbre de quien

deposita su esperanza en la suerte, y de la tortura mental derivada de la creencia en supercherías.

c) Agudiza el ingenio para percibir y resolver problemas con el método científico.

d) Aparta la angustia de la mente confiando al discernimiento la solución de los problemas.

e) Sustenta la mente del individuo sobre la realidad objetiva, afirmándolo en sus sentimientos de seguridad y auto-confianza.

f) Promueve al individuo de la dependencia, característica del estado infantil, a la independencia, característica del estado adulto.

g) Despierta el amor a la verdad, que es disposición para buscarla y recibirla bien, independientemente del momento y de la procedencia.

h) Desarrolla la tendencia y perseverancia con la búsqueda persistente de la verdad.

i) Desarrolla la comprensión de los motivos de los demás y la tolerancia y respeto para sus opiniones.

j) El conocimiento progresivo de la realidad ambiente incluye el de los recursos naturales que constituyen el patrimonio de la nación, actitud que es disposición para defenderlos, respetarlos y aprovecharlos racionalmente.

k) El progreso en la comprensión de los fenómenos que se desenvuelven en el ambiente físico-social suscita la de las necesidades propias y de los demás, que es progreso también en la comprensión de los deberes y los derechos, y en la responsabilidad social.

l) Diferencia de grupos de movimientos específicos para resolver inteligentemente las situaciones que depara el ambiente. Con el incremento gradual del dominio sobre sí mismo, y sobre el medio, se confirma el credo en la propia capacidad, lo que no sólo es afirmación de la personalidad, sino atisbo de la ruta del éxito; de la vocación.

Anotados estos caracteres generales del método científico y de sus magníficos frutos, especialmente para la formación de la personalidad, es conveniente referirnos a algunos datos más para precisar la naturaleza del citado método y su justa aplicación.

El método en general supone la difusión de conocimientos y la asimilación de los mismos. Los conocimientos pueden ser intuitivos o discursivos según vengan de datos inmediatos de la conciencia o de procesos intelectivos. Afirmar el conocimiento intuitivo es una de las tareas más útiles de la pedagogía moderna. El método fenomenológico así lo establece. Apoyado en la intuición esencial, en la intentio intelectiva y en la reducción fenomenológica o epojé, llega a descubrir los elementos esenciales de todo conocimiento (véase García de Mendoza "Lógica" volúmenes 1 y 3).

Estas intuiciones primitivas han sido analizadas y estudiadas especialmente por Bergson, Balwin, Husserl, Meinong y tantos más profundizadores del conocimiento en el campo de la razón. Corresponden a la percepción sensible de Kant, a las ideas innatas o nociones simples de Descartes, a las formas aristotélicas, a las ideas de Platón y a las significaciones de Husserl.

Ya el conocimiento discursivo corresponde a un proceso lógico y epistemológico más o menos complicado, en donde la deducción, la inducción, la analogía, el análisis y la síntesis tienen lugar. La silogística de Aristóteles todavía es un capítulo inolvidable de fundamentación; la inducción supone la analogía que según Laplace está fundada sobre la posibilidad de que las cosas semejantes tengan causas del mismo género y produzcan los mismos efectos. La analogía como método ya tiene bases muy serias en el campo de las ciencias históricas.

Es indudable que la formulación de hipótesis es esencial al método científico. Ellas es la base, el primer escalón del método dialéctico ascendente de Platón, es producto de la originalidad y la invención como la refiere Claudio Bernard. Las hipótesis vienen siendo de dos clases: los principios a que se subordinan las leyes científicas y las grandes hipótesis o teorías.

Las hipótesis particulares, llamadas por Ostwald prototesis, y las teorías, sólo se confirman con la experiencia. La experiencia ha sido perfectamente definida en los métodos llamados de concordancia, diferencia, variaciones concomitantes y residuos. Este último método no es de comprobación propiamente dicho, sino de investigación de las hipótesis.

En este proceso llegamos a la formulación de las leyes que unas vienen por apreciaciones cuantitativas y otras cualitativas, las primeras mediante representaciones gráficas y expresiones matemáticas. Es natural que deban diferenciarse las leyes de las ciencias naturales, de las leyes de las ciencias de la cultura, no tanto por su naturaleza, sino también por los medios para conseguirlas.

Las leyes científicas suponen como principio general la uniformidad de la naturaleza y la existencia de causas y efectos. El encuentro de leyes aproximadas, leyes límites y leyes exactas, corresponde a la intelección y al descubrimiento de causas. Con justa razón dijo Bacon que la verdadera ciencia es la ciencia de las causas, Vere Scire est per causas scire.

Ahora bien, la ley científica de la naturaleza es una reducción de lo particular a lo universal, de lo compuesto a lo simple, de lo contingente a lo necesario, tomando en cuenta en gran parte el pensamiento aristotélico; en cambio, la ley científica de la historia es producto de una conceptuación individualizadora. Aún podemos decir, con las opiniones unánimes de Windelband, Neville y Simmel que junto al proceder nomotético de las ciencias naturales existe el proceder ideográfico de la historia. Hay distinción lógica y material en los conocimientos de la naturaleza y de la historia. El concepto de cultura nos lleva en el estudio de la historia, al principio de la selección de lo esencial, por lo que se dice que el historiador debe saber separar lo importante de lo insignificante. Para Riehl y Mayer esto se hace tomando en cuenta los grados de eficacia histórica.

Pero es interesantísimo hacer notar que existe también la consideración de la universalidad de los valores culturales, lo que evita el capricho en la conceptuación histórica, pues, como dice Rickert: "la objetividad y la unidad de las ciencias de la cultura está condicionada por la unidad y la objetividad de nuestro concepto de la cultura, y ésta, a su vez por la unidad y objetividad de los valores que valoramos".

Todos estos caracteres del método científico deben ser delineados perfectamente por el maestro en la cátedra de su especialidad con el objeto de que los alumnos los capten y les den un aspecto vital. La importancia que tiene para el alumno, el darse cuenta del método empleado, ya en la deducción o en el análisis en un curso de matemáticas, ya en la experimentación y estadística en una cátedra de biología, es de enorme interés porque se conduce a una disciplina mental de primer género y se logra que el estudiante, cualesquiera que sea posteriormente su ocupación, trabajo o profesión, se conduzca en una forma estrictamente lógica y congruente con una estructura intelectiva de superior calidad. Por otra parte, en conocer el método en sus detalles, da oportunidad al estudiante el de investigar nuevos procedimientos y aplicar nuevos métodos en sus estudios posteriores y de esa manera seleccionar el que crea más conveniente.

El profesor debe ser riguroso en el método, dando ocasión a que los alumnos lo descubran con facilidad y lo prefieran por su economía y eficacia, exactitud y aún belleza. El supervisor debe atender este capítulo de la enseñanza con suficiente conocimiento e interés. Es indudable que los métodos ya en su forma aplicada varían. Las ciencias eidéticas, como la matemática y las ciencias fácticas como la física, la química, la biología, requieren procedimientos de elaboración y métodos de enseñanza específicos. La deducción, por ejemplo, utiliza la experimentación cuando esta viene a ser la comprobación de los resultados de un cálculo y de la exactitud de una ley. La misma operación lógica obedece a procesos intelectivos muy interesantes en el campo de las matemáticas. El análisis y la síntesis son indispensables en las ciencias naturales para llegar a formularse en leyes de carácter exacto y matemático. En cambio en las ciencias de la conducta humana como la psicología, la sociología y la historia, el empleo del método analógico, de inducciones, descripciones esenciales y explicaciones, debe ser diferente ya que el resultado no será una ley estrictamente matemática, sino un principio normativo y de la estimación valorativa.

Es indudable que esta variación metodológica no se refiere a la distinción de métodos que tiene una importancia capital dentro del campo de la filosofía que cada profesor tiene. Métodos discursivos, con elementos alusivos a desarrollos antitéticos como son: la mayéutica socrática, la dialéctica platónica y la de Hegel como dialéctica de la evolución inmanente de los conceptos; son diferentes de los también discursivos como el aristotélico y el escolástico de fundamentación deductiva; de Bacon y Comte de aspecto esencialmente inductivo y del neo-escolástico de combinación de sistemas. El profesor expondrá uno de ellos más bien por convicción filosófica y no por simple preferencia de ventaja o sencillez.

Así también el método intuitivo aplicado a la aprehensión de los valores es, según la tendencia del expositor, ya formal sigue los pasos de la tesis kantiana; ya natural en su aspecto intelectivo según Husserl, emocional según Scheler y volitivo conforme a la doctrina de Dilthey.

Pero sobre todos estos matices de la metodología, se descubre el método científico que supone la adquisición de leyes, teoremas, postulados, hipótesis, teorías y axiomas sobre la base experimental y objetiva. Con cuánta razón la palabra métodos viene de dos expresiones griegas: methodos que significa meta, destino y hodos, camino.

# ELEMENTOS AUXILIARES DEL MÉTODO CIENTÍFICO

Como elementos indispensables para que el método científico de todos sus buenos rendimientos en las clases de física, química, biología y demás similares, encontramos la adquisición de aparatos de experimentación. Sin estos útiles todo es banalidad y palabrería y palabrería hueca. Es urgente dotar a todas las escuelas de dichos equipos si se quiere lograr un buen resultado en la enseñanza. Nunca dejaremos de recomendar semejante necesidad.

No habrá tampoco ningún método satisfactorio si el número de alumnos en cada clase excede a lo establecido por una buena pedagogía y con el simple sentido común. Grupos de más de cincuenta alumnos en las clases de simple exposición, jamás podrán ser guiados con seguridad. En ciertas materias el número debe ser menor, especialmente en aquellas que, como las de idiomas es necesario tomar en cuenta la pronunciación individual.

En pocas palabras, el método es un procedimiento que la Supervisión debe vigilar y tomar en cuenta cuidadosamente para responder a su papel con dignidad.

México, 10 de noviembre de 1951.
Dr. Adalberto García de Mendoza.
Jefe de Enseñanza de Matemáticas
De las Escuelas Particulares Incorporadas.

"Es la verdad un momento de la existencia"
HEIDEGGER

"Cultura significa humanización"
SCHELER

# LA CULTURA Y LA VIDA SOCIAL

El problema.- Al estudiar este interesantísimo problema, lo hacemos con el propósito de que se vea clara la incongruencia de los sostenedores de la independencia entre la cultura y la vida.

En multitud de ocasiones hemos visto expuesta la idea de una separación absoluta de la cultura y los problemas en sus múltiples manifestaciones. Se indica por ejemplo que la enseñanza de la cultura no puede estar condicionada por la situación del proletariado, ni por los pecados o alegrías de la humanidad. Que no es el Socialismo quién puede llevar una transformación, en el caso de que se implante, a la cultura; sino que es él el que necesita para su fundamentación de la cultura elaborada aisladamente, así como las ciencias objetivas, universalmente válidas.

En estos conceptos se percibe una multitud de contradicciones, de falsas ideas y de prejuicios. Esto se ve con toda claridad cuando hacemos las siguientes preguntas: ¿La cultura es una creación independiente de las contingencias sociales? ¿Puede llegarse a ser hombre culto anegándose en la fría especulación científica sin ahondar el sentimiento de los pueblos? Una aspiración colectiva como es el Socialismo, cuyo último sostén es la realidad misma, ¿necesita para desarrollarse de una cultura que se ha alejado de las contingencias sociales y sólo ha sido el producto del frío análisis elaborado en el gabinete? (Tendríamos que objetar la misma denominación de cultura dada a éste saber, que nunca podrá llevar en su seno la trascendencia del verdadero significado de cultura). ¿Qué el Socialismo, contingente como la historia misma que se aplica y debe aplicarse a todos los momentos de la vida de la humanidad, para no perder el sentido de lo humano, necesita de una enseñanza fuera de la existencia, de una ciencia sin la contingencia de la realidad? ¿Qué debe entenderse por universalmente válido y cómo puede aplicarse una disciplina con semejantes principios a la historia y a las tendencias políticas de un pueblo?

Todas estas interrogaciones conducen a hacer manifiestas una contradicción constante y una equivocada concepción, tanto de la cultura, de la historia, de la ciencia, como de la naturaleza de los fenómenos políticos; y para ello expondremos brevemente nuestro parecer.

## La verdad y la existencia

No existe ninguna dirección seriamente cultural, si no se toma en cuenta los elementos de la vida en sus más penetrantes manifestaciones. Aun el saber, una de las fases de la cultura, es de naturaleza antropológica, viene condicionado por el aspecto contingente y también necesario del hombre. El saber no es más que un momento subordinado de la existencia. Heidegger en su estupenda obra *Sein und Zeit* (que traducimos: *Existencia y Tiempo*) tomando en cuenta el contenido de la obra, sostiene brillantemente que "el ser en el mundo" (In der Welt-sein) nos lleva a considerar la íntima unión, jamás desligada del mundo y de la existencia humana. Todo es uno, todo realiza el sentido del hombre. Por desligar estos términos, algunos filósofos han caído en errores lamentables, en la verdadera hipostasia de la existencia.

Los idealistas sostienen la humanidad sin mundo, sin el sustentáculo de la realidad fáctica distinta de la ideal en el hombre, los realistas afirman lo contrario, o sea el mundo sin el sentido de la perpetuidad que es el sentido intenso de lo ideal. Las frases siguientes de Heidegger muestran la verdadera filosofía que ha sabido internarse en el sentido del ser de la existencia, o en otros términos: en el sentido ontológico de la preocupación y de la angustia. "Sin la existencia humana no habría más mundo". Todo se realiza en la existencia, pero esta debe entenderse íntegra como una concreción del tiempo. Tiempo que se temporaliza primordialmente por el porvenir en su forma primordial, que llega a temporalizarse bajo la forma del pasado en su aspecto mundial y que se resuelve en presente cuando tiene la naturaleza el tiempo vulgar. Todo es un armónico enlace de elementos, de tal manera que "lo real está en el mundo tan firmemente como lo está la humanidad".

Ahora bien, "la existencia en tanto que comprensión se hace patente en anticipaciones constructivas. Es la verdad un momento de la existencia. "En la existencia está tanto la verdad como la falsedad". Por eso, la verdad no puede entenderse aislada de la vida misma, su naturaleza es esencialmente humana, y la sentencia del filósofo que guía nuestros pasos es terminante y de una claridad meridiana: "La verdad no es valedera más que en tanto que haya existencia y en el mismo devenir. Lo que es verdadero no puede ser descubierto….sino en tanto que haya existencia. Las leyes de Newton, el principio sobre la contradicción, toda la verdad en general, no es valedera, más que en límites de la realidad de la existencia. Toda verdad (según la constitución de su mismo ser), es relativa al ser de la existencia".

Todas estas frases, nos dicen cual es el pensamiento que domina aun en las conquistas de las verdades científicas de los elementos intelectivos en la Metafísica de la existencia. Todas ellas se internan en el problema de la preocupación y de la angustia, como en el sentido supremo de la misma existencia, objeto de la Metafísica que es "el acontecimiento fundamental EN la existencia y EN CUANTO a la existencia misma".

"Sólo una filosofía tan cerca de la vida nos puede conducir a estos nuevos derroteros alejándonos de aquellas metáforas de la verdad eterna, y sumergiéndonos en la certeza que pretende afirmarse en "verdades eternas", así como en la confusión del "idealismo existencial" (que puede demostrarse por la descripción fenomenológica) con un simple absoluto idealizado, ambas no presentan más que restos de los prejuicios de la teología cristiana, restos que aún no están eliminados de los problemas filosóficos de una manera bastante radical", nos dice el citado filósofo cuya doctrina ha conducido nuestros pasos en la Metafísica desde hace algunos años, como podemos comprobar por el desarrollo de nuestras cátedras sobre las materias dadas en la Facultad de Filosofía y Letras. Tendríamos verdadero placer de ver extendida esta doctrina, que sintetiza el pensamiento contemporáneo y que no olvida las mejores conquistas de tiempos pasados.

Al fundar nosotros la cátedra de Metafísica en la citada Facultad en el año de 1930 tuvimos el propósito de implantar una enseñanza de acuerdo con las tendencias actuales, y por lo tanto con las últimas teorías de la Filosofía. Nada más de acuerdo con estos propósitos que la Metafísica de la existencia de Martín Heidegger, alejándonos de las discusiones inútiles y superficiales de ciertos sistemas metafísicos que prevalecieron en la exposición del ser durante largos años, sin tener en cuenta la vida, la existencia en sus más penetrantes y fundamentales desarrollos. En nuestra *Lógica* (página 77) puede verse el programa de Metafísica del año de 1932, exponiendo por primera vez en México la Filosofía de Heidegger. Lo propio hicimos en la misma Facultad en el año de 1930, (*Lógica*, primer tomo, página 165) con la Filosofía fenomenológica de Husserl, que resuelve gran parte de los problemas más interesantes de la Lógica y de la Epistemología.

## La ciencia como función social

Don Francisco Giner, meritísimo profesor de la Universidad de Madrid, publicó en el año de 1904, un interesantísimo estudio sobre la "Ciencia como Función Social". En él encontramos los siguientes párrafos: "Cierto que todo el mundo reconoce, ya hay sin dificultad (recuérdese que esto se dice a principios del siglo XX), que la filosofía de Kant, los descubrimientos de Galileo y de Darwin, no hubieran podido producirse independientemente en cualquier medio" "Si se quiere comprender en una fórmula completa y por lo mismo nunca enteramente exacta la relación entre el espíritu y la vida general de la sociedad, en cuanto al orden del conocimiento, y la obra especial del hombre de ciencia, dejando a un lado el problema de psicología individual de su formación y vocación como tal científico, y no considerando sino el aspecto objetivo de esa relación, podría tal vez decirse que <u>la ciencia es una diferenciación condensada, intensiva, y refleja de lo que el mismo espíritu social piensa de una manera inmediata en el fondo</u>: por ende es capaz de rectificar ese espíritu luego y extender su horizonte, al descender a su vez por los diversos círculos hasta los más cultos y remotos. Y esa reacción mutua entre el cuerpo social y sus órganos que se verifica en esta esfera, como entre todas las restantes de la vida, (no más ni menos) es el único camino que permite la transformación de la historia".

## El Idealismo, el Historicismo y el Socialismo

Refiriéndose a puntos de vital interés para nosotros, afirma: "El Idealismo de Hegel afirmando la substancialidad de la historia y del espíritu colectivo, el historicismo de Savigny, que hace de la nación el sujeto vivo, creador del derecho; el movimiento de la "psicología social", y anotado el socialismo que explica la obra del individuo por la acción del medio sobre él, son entre otras direcciones quizás las más importantes que han contribuido a elaborar (en reacción contra el individualismo del siglo XVIII) la concepción moderna de la sociedad con una realidad sustantiva y de los productos del espíritu como funciones sociales".

## La Sociología y el saber

El propio maestro hace mención de tratadistas que han elaborado sus obras teniendo en cuenta estos mismos principios. "Algunos pensadores han comenzado a dirigir también su atención sobre ciertos aspectos del problema. Fouillée ha consagrado uno de sus libros a considerar la relación entre el espíritu de ciertas naciones y las concepciones del derecho y el Estado que cree corresponderles, lo cual, aunque desde un punto particular de vista, le acercaba a la cuestión general; y en otro de ellos analiza diversas teorías sobre la ciencia social aproximándose cada instante más y más a nuestro asunto sin entrar, no obstante, en su examen que no le habría sido difícil.

Según De Greef hay que estudiar siempre las creencias y las doctrinas, en relación con su medio externo y "con su medio social interno" afirmando que "el teórico es el órgano más perfecto y fiel del pensamiento colectivo, el cual tiene por punto de partida reflejos más o menos complicados, centralizados y coordenados que acaban por elevarse hasta constituir doctrinas y teorías científicas"; Gumplowicz ha dado a la supremacía de la sociedad tal relieve que, a su ver, el sujeto "que piensa en el hombre, no es él, sino su comunidad social", "el espíritu de su época", considera, "la impotencia del individuo y de su libertad en el dominio de la ciencia llamando a la investigación científica y filosófica "un juego de azar", y a la verdad, aquella necesidad que se impone por una necesidad natural, a través de innumerables tanteos. En un sentido algo menos absoluto, Fairbanks, establece también que el individuo es producto de su medio social, y vuelve a la teoría del sentido común de Teid, aunque limitado y relativo a una época, al considerar el asentamiento de dicho medio como único criterio de la verdad". René Worms, emprende más directamente el estudio de la vida intelectual al exponer "las funciones de relación" del organismo social, expresando ya la idea de la ciencia como un producto de colaboración. "De ordinario, dice, los grandes descubrimientos se han hecho al mismo tiempo por varios.....porque había una necesidad social de hallar una solución"; y nota que el ser individual se aprovecha de todo el patrimonio intelectual de la sociedad" la cual, más bien forma a aquel, que es modificada por él, completamente impregnada de los productos del espíritu colectivo".

# Los técnicos del Socialismo y del Comunismo ante la ciencia

Al estudiarse más de cerca los fenómenos de la colectividad y de la ciencia, nos dice el citado filósofo: "Marx y Lasalle han insistido en observaciones análogas. En cuanto a Marx, es sabido que en él se combinan la dialéctica hegeliana con un cierto epifenomenismo psicológico cuyo resultado viene a ser la concepción de la ciencia como un producto de la historia, y toda ésta, de las condiciones económicas ("Materialismo histórico") contra la concepción que llama "ideología"; la realidad no es como era en su maestro, la forma empírica de la idea, sino al revés; esta es, la expresión, el reflejo de aquella en el cerebro.

Para Lasalle, todo desarrollo intelectual proviene del espíritu colectivo siguiendo la misma tendencia de Hegel del cual proceden ambos". "Más concretamente aún quizá, en relación con nuestro problema particular, Bakúnin, que no participa del desdén de Marx por la opinión social común dice que la ciencia "no es más que el resumen metódico y razonado de la inmensa experimentación histórica de los pueblos". La sociedad, el pueblo, la vil multitud, la masa de los elementos y la misión de la juventud, es sólo partear el pensamiento, dar forma precisa a sus aspiraciones confusas. Y su correligionario Kropotkin al afirmar que "todo es obra de todos", lo aplica al socialismo como doctrina elaborada en la masa obrera y formulada luego por la filosofía burguesa, añadiendo que la ciencia no puede progresar sino cuando el medio social está convenientemente preparado"

De la misma manera, Tarde en su *Lógica Social* y Schäffle en su *Estructura y Vida del Cuerpo Social,* han profundizado el problema. "Schäffle, nos dice Giner, cuyo sistema todos lo saben, combina de cierto modo una Metafísica positiva con la Filosofía de Krause, es quizá el sociólogo que hasta hoy ha estudiado con mayor atención y desarrollo el problema de la formación de ésta, como una obra de cooperación general". Dicho autor presenta la diferencia esencial entre la unidad de trabajo intelectual, el "científico" (Wissenschaftleiche, theoretische) y el "empírico" (prakttische-oder Erfahruns-Einsicht) o precientífico muy útil para una investigación sociológica.

# Las obras de Grappoli y de Azcárate

El propio maestro Giner refiriéndose al "Plan de la Sociología" de Azcárate, afirma: "señaló el carácter social en las dos funciones de la ciencia: su formación y su difusión". Revisando los trabajos del Dr. Grappoli *La Science comme Phénomène Social, La Génesi Sociale del Phenomeno Scientífico*, como los muy conocidos de Taine, tienen una fuente común de interpretación expresa: "El Dr. Grappoli sostiene que el siglo XVIII es anticrítico y anti-histórico, abstracto revolucionario y sueña con poder construir *a priori* las instituciones. El nuestro tiene un sentido contrario, histórico y crítico, merced al relativismo incompleto de Kant y a las ideas de Herder (precedido por Vico) así como a los trabajos de Wolf, (filología clásica) Humboldt, Grimm, Bopp (lingüística), Niebuhr, Savigny, Eichhorn, (historia y derecho), Creuzer, Müller, Kuhn (mitología) y la escuela de Tubinga (historia del cristianismo) aun el propio idealismo y el devenir de Hegel han puesto su parte; y Laplace Lamarck y Darwin introdujeron análogo espíritu en la ciencia natural".

# Los tres filósofos italianos de la historia

Al referirse a los tres filósofos italianos, Vico, Cattaneo y Ardigo, nos dice: "El primero se anticipa a concebir la ciencia como una acumulación de la experiencia de los hombres; el segundo es el precursor de la Wölkerpsychologie, por su "psicología de los espíritus asociados"; piensa Ardigo que la ciencia es en cada época una herencia de las generaciones anteriores y un momento necesariamente predeterminado".

# El estado actual de la cuestión

Lo anterior se decía a principios de nuestro siglo, y los estudios contemporáneos de sociólogos, economistas, historiadores, etc., nos llevan a terrenos semejantes. La llamada Jurisprudencia Comparada ofrece uno de los campos de más útil conocimiento para nuestros estudios debido a las pacientes experiencias de eminentes sociólogos-juristas como Leist, Mc. Lennan, Taylor, Morgan, Lubbock, Bachofen, Post, Kovalewsky, Hildebrand y otros. Una exposición de estas doctrinas que tienen bases distintas según el principio lingüístico, etnológico, etc., lo hicimos en el año de 1926 y fue reproducida en la Revista "Prometeo".

# MATERIALISMO VULGAR FRENTE
# A MATERIALISMO DIALÉCTICO

Uno de los asuntos que deben dilucidarse en el momento actual consiste en precisar qué debe entenderse por materialismo dialéctico. Esto nos conduce a una explicación amplísima de la tesis marxista que actualmente está siendo el objetivo de todos los comentarios y de todas las afirmaciones.

> Comúnmente se identifica el materialismo vulgar, establecido desde hace mucho tiempo por autores tan célebres como Haeckel, con el admitido por Engels y Marx que representan los corifeos del socialismo científico. Esta identificación conduce a errores crasos, tales como los de querer sacar de la materia inorgánica todas las manifestaciones de que es capaz la materia viviente y aún los procesos más complicados del espíritu.

Tratemos el asunto desde un punto de vista perfectamente sereno y documentado para llegar a determinaciones definitivas.

**La materia como concepto filosófico**

"Si la realidad nos es dada, debemos atribuirle un concepto filosófico; ahora bien, este concepto se haya establecido desde hace tiempo: Es el de la materia. La materia es una categoría filosófica que sirve para designar la realidad objetiva dada al hombre en sus sensaciones, las cuales la copian, la fotografían, la reflejan sin que su existencia esté subordinada a aquellas".

## Lenin, *Materialismo y empirio-criticismo.*

**Materia y conciencia, elementos distintos**

"Se debe rechazar de la mente la idea de la materia (por ejemplo, como problema especial de la naturaleza y estructura de los fenómenos físicos o de los cuerpos vivos); se ha de renunciar desde luego a la idea de la materia como sustancia cósmica. Y tiene que retener el término de materia como concepto del conocimiento, como categoría filosófica".

"El Marxismo o materialismo filosófico, sienta solo el principio general gnoseológico de que la realidad nos es dada, de que la conciencia es una forma superior de sensibilidad de los organismos vivos más desarrollados y de que la primera (materia) no hace más que reflejarse en la segunda (conciencia) porque es anterior e independiente respecto de esta".

## Angel Pumarega, *Introducción al Materialismo Dialéctico.*

**Materia de la Historia. La finalidad**

¿Cuál es la materia de la historia?

"Hay un punto en que la historia de la evolución de la sociedad difiere esencialmente de la correspondiente a la naturaleza. Nada sucede en esta como un fin consiente y deseado. En la historia de la sociedad por el contrario, todos sus protagonistas son hombres dotados de conciencia: Nada se hace en ella sin un propósito consciente, sin un fin deseado ("nichts geschieht ohne bew usste Absicht, ohne gewolltes Ziel").

| | |
|---|---|
| **La libertad** | Y es claro:<br>"Los hombres hacen su historia" ("die Menschen machen ihre Geschichte"). |

## Engels,
## *Ludwig Feuerbach y el fin de la Filosofía Clásica.*

Investigar la materia de la historia es un punto indispensable.

| | |
|---|---|
| **Fuentes de La Historia** | "Es necesario saber cuáles son las fuerzas motrices o cultas detrás de esos móviles, cuáles son las causas históricas que se transforman en los cerebros humanos en tales móviles".<br>"fragt es sich weiter, welche treibenden Kräfte wieder hinter diesen Beweggrüden stehen, welche geschichtlichen Ursachen es sind, die sich in den Köpfen der Handelnden zu solchen Beweggründen umformen". |

Engels
Para llegar a saberlo debemos tener en cuenta que:

| | |
|---|---|
| **La conciencia y la realidad social** | ("El modo de producción de la existencia material condiciona en general el proceso social, político e intelectual de la existencia.<br>No es la conciencia de los hombres la que determina la realidad; es, por el contrario, la realidad social la que determina su conciencia". |

## Karl Marx, *Crítica de la Economía Política.*

**Materia de
la Historia,
desarrollo
económico**

"Empleamos el término materialismo histórico para designar una concepción de la historia que ve la causa última y el motor decisivo de todos los importantes acontecimientos históricos en el desarrollo económico de la sociedad, en la transformación de los modos de producción y de cambio, en la división de la sociedad en distintas clases que de allí nacen y en la lucha de estas clases entre sí".

## Engels, *Contra el Materialismo Vulgar*

**Materialismo
como
percepción**

"El defecto capital de todo materialismo hasta aquí incluido el de Feuerbach, es que lo existente, la realidad, lo sensible, percepción sólo son concebidos bajo la forma del objeto o de la percepción, y no como actividad humana sensible, como práctica, no subjetivamente. De aquí que ese aspecto activo haya sido desarrollado por el Idealismo, frente al materialismo, aunque sólo de una manera abstracta, pues el idealismo, naturalmente, no conoce la objetividad sensible, real, como "tal".

## Karl Marx, *Primera Tesis sobre Feuerbach.*

**Las
circunstancias
exteriores las
transforma el
hombre**

"La doctrina materialista de que los hombres son productos de las circunstancias y de la educación que, por tanto hombres cambiados son productos de otras circunstancias y distinta educación, olvida que las circunstancias son transformadas precisamente por los hombres y que el mismo educador debe ser educado".

"La coincidencia de la modificación de las circunstancias con la afinidad humana sólo puede ser concebida y racionalmente comprendida como práctica trastrocadora".

## Karl Marx, *Tercera Tesis sobre Feuerbach,*

**Los filósofos deben transfor mar el mundo**

Por esto mismo se exige que el filósofo deba transformar la realidad social, pues:
"Los filósofos no han hecho más que interpretar el mundo de diferentes maneras; ahora bien, importa transformarlo"

## Karl Marx, *Décima Primera Tesis sobre Feuerbach.*

**Concepto falso del materialismo**

"El materialismo del Siglo Anterior fue esencialmente mecanicista porque entre todas las ciencias naturales de la época sólo la mecánica, y esta sólo la de los cuerpos sólidos -celestes y terrestres-, en una palabra, la mecánica de la gravedad, constituía un resultado positivo. La química sólo existía al principio de su forma infantil, flogística. La biología estaba aún en pañales; el organismo animal y vegetal sólo era conocido de una manera grosera y se le atribuía un origen puramente mecánico. El hombre era para los materialistas del siglo XVIII como el animal, para Descartes, una máquina. Esta aplicación exclusiva de la escala de la mecánica a procesos de la naturaleza química y orgánica, en los cuales las leyes mecánicas aunque también cuentan, son relegadas a segundo por otras leyes superiores, constituye la limitación específica, inevitable para su tiempo, del materialismo francés clásico".

# Engels,
## *Ludwig Feuerbach y el Fin de la Filosofía Clásica.*

Es indudable que está señalada la nueva dirección en sentido completamente distinto de la del materialismo vulgar. Aún más:

**Incapacidad del materialis mo vulgar**

"La segunda limitación específica del materialismo vulgar consiste en su incapacidad para concebir el mundo como un proceso, como una realidad sometida a un desenvolvimiento histórico. Esto correspondía al estado contemporáneo de la ciencia natural y a la manera metafísica, antidialéctica, de filosofar, que de aquí se desprendía. Sabíase que la naturaleza se hallaba en perfecto movimiento, pero este movimiento, según la concepción de entonces, giraba eternamente en un círculo sin avanzar, y siempre producía los mismos resultados

## Engels, *Fin de la Filosofía Clásica.*

**Materialismo es una apreciación de las relaciones entre espíritu y materia**

"Feuerbach confunde aquí el materialismo, que es una concepción del universo generalmente fundada en una determinada apreciación de las relaciones entre la materia y el espíritu, con la forma particular que esta concepción del universo, revistió en un determinado período histórico, esto es en el siglo XVIII. Es más, lo confunden con la forma vulgar y superficial con que este materialismo del siglo XVIII subsiste actualmente en la cabeza de los naturalistas y de los médicos, y ha sido sucesivamente predicada en los años cincuenta por Büchner, Vogt y Moleschott. El materialismo, con cada descubrimiento que señale una época en el terreno de las ciencias naturales, se ve obligado a cambiar de forma; y así mismo, después de la aplicación del método materialista a la historia, una nueva etapa de la evolución se abre también aquí".

## Engels, *El Fin de la Filosofía Clásica.*

El
materialismo
no es
psicología

"El materialismo es para nosotros el fundamento del edificio del ser y del saber humanos; pero no es para nosotros lo que es para los fisiólogos, para los naturalistas en estricto sentido, verbigracia Moleschott, y esto es necesariamente desde su punto de vista y su profesión: El edificio mismo".

## Feuerbach,
## *Fundamento del Materialismo Vulgar*

El materialismo vulgar tiene por base los siguientes principios:

1.  La afirmación como realidad absoluta, eterna, infinita y única de una substancia totalmente inconsciente que no crea ni organiza ninguna inteligencia ni ninguna voluntad.
2.  El mecanismo o antifinalismo.
3.  El epifenominismo o teoría de los reflejos.
4.  El determinismo físico.
5.  La negación de la supervivencia del alma.

**Análisis
burdo del
psicologismo**

Sin embargo podemos decir que esto no constituye
el fundamento del materialismo dialéctico pues:

"Analizar la naturaleza en sus partes, dividir
los fenómenos y los objetos naturales en clases
determinadas, estudiar la composición eterna de
los cuerpos orgánicos y sus numerosas formas
anatómicas, he aquí las condiciones esenciales de
los progresos gigantescos que nos han aportado
los cuatro últimos siglos en el conocimiento de la
naturaleza. Solamente que todo esto nos ha dado el
hábito de considerar los objetos y los fenómenos
de la naturaleza aislados; fuera de un conjunto
y de una totalidad; y por lo mismo, fuera de su
movimiento, en el estado de reposo, no captados
como situaciones sustancialmente variables, sino
como datos fijos, disecados como materiales
muertos y no aprisionados como objetos vivos. Por
eso este método de observación, al trasplantarse,
con Bacon y Locke, de las ciencias naturales
a la filosofía provocó la limitación específica
característica de estos últimos tiempos, en el
método metafísico de especulación.

Para el metafísico, las cosas y sus imágenes
en el pensamiento, los conceptos, son objetos
aislados de investigación, objetos fijos, inmóviles,
enfocados uno tras otro, cada cual de por sí y como
algo dado y perenne. El metafísico piensa en toda
una serie de antítesis inconexas: para él, no hay
más que si y no, y cuando se sale de este molde
no es más que fuente de trastornos y confusiones.
Para él, una cosa existe o no existe, y no concibe
que esa cosa sea a la par la que es y otra distinta.
Ambas se excluyen en absoluto, positiva o
negativamente; causa y efecto revisten asimismo
a sus ojos la forma de una rígida antítesis. A
primera vista, este método especulativo nos
parece extraordinariamente plausible, porque es el
del llamado sentido común. Pero el sano sentido
común, personaje muy respetable de puertas

adentro, entre las cuatro paredes de sus casas, vive peripecias verdaderamente maravillosas en cuanto se aventura por los anchos campos de la investigación; y el método metafísico del pensar por muy injustificado que esté y hasta por necesario que sea en vastas zonas del pensamiento, más o menos extensas según la naturaleza del objeto de que se trate, tropieza siempre, tarde o temprano, con una barrera franqueada la cual se torna en un método unilateral, limitado, abstracto, y se pierde en insolubles contradicciones, pues, absorbido por los objetos concretos no alcanza a ver su ilación, preocupando con su existencia, no para mientes en su génesis ni en su caducidad, concentrado en su estatismo, no advierte su dinámica, obsesionado por los árboles no alcanza a ver el bosque".

## Engels, *Anti-Dühring.*

Ahora, si nos referimos a los cambios que sufre todo lo existente y que se aleja considerablemente del concepto de evolución tradicional, nos encontramos con que deben aceptarse cambios bruscos y la sentencia de Lineo de que la materia no procede por saltos, debe desecharse desde el punto de vista del materialismo dialéctico:

"Los hombres hacen ellos mismos su propia historia pero no la hacen arbitrariamente, sino en ciertas condiciones determinadas".

## Karl Marx, *El Dieciocho de Brumario.*

"¿No es comprensible que al mismo tiempo que se transforman las condiciones de vida de los hombres, sus relaciones sociales, su existencia social, se transforman igualmente sus representaciones, sus concepciones, sus nociones, en una palabra su conciencia? ¿No nos muestra la historia de las ideas que la producción intelectual se transforma al mismo tiempo que la producción material? Las ideas dominantes de una época no han sido nunca otra cosa que las ideas de la clase dominante. Se habla de ideas que revolucionan a toda una sociedad; no se expresas por esto otra cosa sino el hecho de que el interior de la antigua sociedad, se han constituido los elementos de una sociedad nueva, y que la descomposición de las antiguas relaciones sociales va acompañada de la descomposición de las antiguas ideas. En el momento que el mundo antiguo estaba en vías de desaparecer, las religiones antiguas fueron vencidas por la religión cristiana. En el momento en que las ideas cristianas sucumbieron frente al progreso de las ideas de cultura en el siglo XVIII, la sociedad feudal sostenía una lucha a muerte contra la burguesía revolucionaria de entonces. Las ideas de libertad de conciencia y de libertad religiosa no hicieron más que expresar la dominación de la libre concurrencia en el terreno de las ideas".

"Al mismo tiempo que se transforma la base económica, se transforma igualmente, más o menos lentamente, toda la inmensa superestructura de la sociedad. Para comprender estas transformaciones hay que distinguir siempre entre la transformación que se produce en las relaciones de producción económica, transformación que es posible estudiar científicamente, y las formas jurídicas, políticas, religiosas, artísticas o filosóficas en una palabra, todas las formas ideológicas en medio de las cuales los hombres adquieren conciencia de este conflicto y conducen sus luchas. Así como no hay que juzgar a un individuo por la idea que tiene de sí mismo, ni tampoco se debe juzgar una determinada época de transformación por la conciencia que tiene de sí misma, sino más bien, explicar esta conciencia por las contradicciones de la vida material y por el conflicto existente entre las fuerzas productivas y las relaciones de producción social".

## Karl Marx, *Crítica de la Economía Política.*

La obra de Marx no se refiere para nada al origen, a la esencia de las cosas, sino al desarrollo de las mismas. En este desarrollo se encuentra el progreso dialéctico, el elemento revolucionar de la historia. Así debe entenderse el párrafo siguiente:

"Las fuerzas motrices de la sociedad humana, que provocan las transformaciones del contenido del sentimiento, del pensamiento, y, por consiguiente, de la conciencia humana, o hacen crecer las diferentes instituciones y conflictos sociales, no provienen, en primer lugar, del pensamiento, de la Idea, de la razón, etc., sino de las condiciones de existencia material.

La base de la historia de la humanidad es, pues, una base material. Condiciones de existencia material significa la manera como los hombres, en cuanto seres sociales, con la ayuda de la naturaleza que los rodea y de sus propias capacidades físicas e intelectuales, mantienen su vida material, crean y distribuyen entre ellos las riquezas necesarias para la satisfacción de sus necesidades".

Max Beer, *La Doctrina Marxista*, pág. 81

"De todas las categorías de la vida material, la producción, la fabricación de artículos alimenticios es la más importante y está determinada por las fuerzas productivas. Estas fuerzas productivas son de dos clases: materiales y personales.

Las fuerzas productivas son: la tierra, el agua, el clima, las materias primas, los útiles y las máquinas.

Las fuerzas productivas personales son: los obreros, los sabios, los técnicos y, por último la raza, es decir, las cualidades adquiridas históricamente por ciertos grupos humanos"

# CONCEPTO DEL FENÓMENO MORAL SEGÚN FRANCISCO BRENTANO

Trataremos de las interesantes consideraciones que este excelente filósofo ha hecho en su opúsculo "El Origen del Conocimiento Moral", y que constituye la primera Ética sería contra el "imperativo categórico" sostenido por Kant.

Este espléndido libro da las bases para la Ética actual que exactamente se contrapone a la teoría kantiana del formalismo, y sirve de base al libro de más trascendencia en la Ética moderna "El Formalismo en la Ética y la Ética Material de los Valores" de Max Scheler. Los neokantianos, padecen la confusión de bines y valores, lo que les conduce a establecer una Ética puramente formal y sin contenido.

La Ética que funda Brentano, es una Ética de contenido y por ello trata de buscar el origen del concepto de lo bueno que está en las instituciones concretas intuitivas. Tenemos representaciones intuitivas de contenido físico, de aquí proceden los conceptos de color, de sonido, etc. Pero el concepto de lo bueno como el de lo verdadero, no proceden de estas representaciones. Hace notar Brentano que el rasgo característico de todo lo psíquico consiste en eso que frecuentemente se ha designado con el nombre de conciencia; es decir, consiste en una actitud del sujeto, en una referencia intencional a algo que no sea real, pero sin embargo esta dado interiormente como objeto.

Como vemos, el problema ético está íntimamente ligado en Brentano al problema psicológico. Y este último problema de gran interés. Veamos en síntesis la teoría psicológica de Brentano. El considera tres clases de fenómenos psíquicos: **representaciones, juicios**

**y emociones o fenómenos de amor y odio**. Esta clasificación, nos indica Brentano, la ha sacado de "Las Meditaciones" de Descartes. Las representaciones en Descartes son las ideas, los juicios, la judicia. Tanto en los juicios, como en las emociones tenemos oposiciones en esas referencias intencionales.

| Judicia o juicio | Emoción |
|---|---|
| Verdad   Falsedad | Bueno Malo |

La intencionalidad o dirección de la conciencia en los juicios, se resuelve en el problema de la verdad. La intencionalidad del fenómeno de amor, se resuelve en el acto moral siempre que ese amor esté dirigido hacia un objeto digno de serlo.

## SINTESIS DE LA TEORIA DE BRENTANO

La psicología había dividido los fenómenos psíquicos en actos de voluntad, de sentimiento y de inteligencia. Brentano, como dijimos anteriormente, los divide en **representaciones**, **juicios y emociones o fenómenos de amor y odio**.

FENÓMENOS DE REPRESENTACIÓN: (Ejemplo): Yo tengo la idea de este libro, la sensaciones de este libro, tengo la percepción de este libro, en general, todo lo que me comunica con el mundo exterior y todo lo que produce en mí una impresión especial; las relaciones de mí "yo" con el exterior y las impresiones que el exterior produce en mí, forman un campo de la Psicología: EL CAMPO DE LA REPRESENTACIÓN.

JUICIOS: El libro es blanco, o el libro es amarillo o es café, ¿qué hago yo con este juicio?, relacionar un concepto que es **libro**, con otro concepto que es **amarillo, blanco o café**, teniendo dicha relación siempre una pretensión; la pretensión de la verdad, todo juicio tiene la pretensión de ser verdadero. ¿Qué es la verdad? La verdad, diremos como Santo Tomás de Aquino, es la exacta relación de la idea con la realidad.

EMOCIONES: Viene otro campo más que no corresponde a los juicios ni a las representaciones, sino que determina actos que se resuelven en dos sentidos: en el 1° de REPULSIÓN: y en el 2° de

SIMPATÍA: Yo estoy contento de estar cerca de esto o estoy a disgusto. En el primer caso es el s entido de simpatía y en el segundo es de repulsión. La Voluntad no es más que desear llegar a una cosa amable, por lo tanto, es un impeler mío hacia una cosa que es amable. ¿Cuál es lo fundamental: la voluntad o lo amable?, es lo amable.

Los juicios pueden ser verdaderos o falsos. En general todo juicio al enunciarse tienen la pretensión de ser verdadero. La cópula no es más que un concepto que tiene este carácter: de ser enunciativa. Cuando digo yo: **la mesa es café**, estoy deseando que mi juicio de "mesa es café" sea exacto. Tengo mi juicio, el juicio lo he creado en la mente y estoy tratando de llevarlo a la realidad.

En los fenómenos de amor y odio, tengo yo, por ejemplo, el fenómeno de amor, entonces yo trato de proyectarlo sobre algo que esté fuera de mí, de esta manera el sentimiento amoroso yo lo extiendo hacia el exterior. He aquí una **intención** de mí "yo" hacia el exterior, una "intentio" como dice Brentano, y entonces calificó el objeto digno de amor o indigno de amor. Brentano afirma que cuando un acto es digno de amor ese acto es bueno.

En las referencias internacionales del juicio se encuentra la disyuntiva entre admitir y rehusar; y en la actividad emotiva, amar u odiar. En las representaciones no existen estas posiciones. De estas semejanzas concluye Brentano que en la representación no existe una distinción de justos e injustos. En los juicios sí cabe considerar justo uno de los dos modos opuestos de referencia: el que admite o el que rechaza; (de esto trata la Lógica). Y, por último, en lo que se refiere a las emociones, una y sólo una de las actitudes opuestas: amor y odio, agrado y desagrado, será en cada caso una justa, la otra injusta.

"Decimos que algo es verdadero cuando el modo de referencia, que cosiste en admitirlo, es justo". Aquí debe recordarse que verdadero en Epistemología es "la exacta relación del pensamiento con la realidad". O como Aristóteles indicaba en forma metafísica: "Verdad es lo que Es". Y por otro lado decimos, "que algo es bueno cuando el modo de referencia, que consiste en amarlo, es aceptable". "Lo que sea amable con amor justo, lo digno de ser amado, **ES LO BUENO**, en el más alto sentido de la palabra". Pero el amor no siempre demuestra que lo amado sea digno, y de aquí nace un nuevo problema: ¿Cómo es posible conocer que algo es bueno? ¿Diríamos acaso que todo lo que es amado es digno de amor? No puede contestarse afirmativamente estas preguntas, para ello Brentano recurre al análisis de los **juicios ciegos y juicios evidentes**, y nos lleva a la extensión de un agrado y desagrado de especie superior o inferior. La justeza y el carácter superior de la actividad sentimental nos conducen a la consideración de lo bueno.

En una parte de su libro trata del problema de "cuál es el fin justo", es decir, "el problema fundamental de la ética: la finalidad. Esto quiere decir que la ética se resuelve en un "debe ser", y no en un "ser". En el primer caso, cuando nosotros decidimos: la ética es de contenido, podemos imaginar que las acciones buenas son una cosa concreta; y lo fundamental en la ética se resuelve en "un debe ser", este "debe ser", siempre tendiendo a un fin, es decir, a una realización. Pero eso "debe ser", es de contenido objetivo, que existe fuera de nosotros, y no de contenido subjetivo como afirma Kant. En la misma página 31, dice: "Pero también los fines, los más propios y últimos fines, pueden ser diferentes". "En el siglo XVIII se creyó que todos aspirábamos a lo mismo, esto es, al mayor posible". Pero la emoción pura del deber descarta el interés.

Así pues queda establecido, que también los fines últimos son diferentes, y entre ellos cabe elección. ¿A qué debo aspirar? ¿Qué fin es justo? ¿Cuál es injusto? Este es el problema más propio y fundamental de la ética.

En la página 33, párrafo 18 se estudia el origen del concepto de lo bueno, que, como el origen de todos nuestros conceptos, ha de estar en ciertas intuiciones concretas, aunque las intuiciones de contenido moral difieren de las de contenido físico.

La dirección fundamental de la ética de contenido, la encontramos en Francisco Brentano, en la idea que él tiene de intencionalidad, además en la idea de objetividad del contenido moral, que es básica en la teoría de los valores. La teoría de los valores no depende de la subjetividad de cada uno de nosotros, sino que permanece constante. Esta es una tesis objetiva de determinados fenómenos psíquicos; pero no debe confundirse esta teoría con la materialista, que afirma que la naturaleza de todas las cosas es material, incluyendo el espíritu, en tanto que el contenido objeto puede ser indistintamente material o espiritual. En cambio la teoría de los valores expresa la objetividad solamente, de los valores de un contenido.

Debemos hacer notar una excelente consideración de Brentano acerca de la relatividad de las reglas éticas y jurídicas. Hay relatividad en estos preceptos cuando en diferentes situaciones disponemos de diferentes medios, rigiendo por lo tanto diferentes conceptos. Esta clase de relatividad fue mencionada por Platón en su "República"; por Aristóteles en su "Moral a Nicomaco" y en su "Política" y por la mayoría de los escolásticos. Pero la relatividad que Jhering ha establecido en su famosa obra "El fin del Derecho", es completamente falsa y esencialmente distinta. En ella no habría ningún principio de ética que gozara de valores, sin excepción ni siquiera el principio de que "debemos tomar por criterio de acción el bien máximo en su más alta esfera".

Spengler, oponiéndose al sistema de Brentano, afirma la existencia morfológica de la cultura, y por ende, de la ética, de la religión, etc.

La Escuela de Baden da una ciencia especial de los valores, sostenida por Windelband, Rickert y más tarde por Max Scheler. Este último afirma que los valores éticos lo mismo que los estéticos, tienen una objetividad.

En Brentano se encuentra la consideración de la acción moral, fuera de nosotros, es decir, con un contenido objetivo.

De donde se deduce que la moral de contenido presenta también diversas fases, representadas, primero por Brentano, segundo por la Escuela de Baden y tercero por la teoría de Max Scheler.

## TESIS DE BRENTANO

Las tesis principales de Brentano son dos: 1ª. La objetividad de los valores, 2º. Su contenido es de naturaleza universal y permanente.

Anterior a esta doctrina, las fundamentales eran, la kantiana, y las neo-kantianas. El kantianismo consideraba las formas morales como elementos de la pura razón, y constituía la ética formal, que afirmaba que no hay objetividad fuera de nosotros. El sujeto es el que con una percepción especial, y por una razón también especial, interpreta y ve al mundo, y este mundo es para el sujeto, a través de los *A PRIORI*, bueno o malo. Esto quiere decir que la bondad y la maldad dependen principalmente, de las *A PRIORI* que nosotros alcanzamos.

Brentano nos lleva a épocas de gran florecimiento en la moral, solo comparadas con la ética de Aristóteles y de Santo Tomás de Aquino, que son de contenido material. Además se marca claramente, el antagonismo decidido, entre el kantismo, o escuela formalista de Marburgo y la parte contraria, sosteniendo la moral de contenido que alcanzó su mayor apogeo en las obras del filósofo Max Scheler, en las consecuencias que tienen ambas al tratar de la Historia.

Siguiendo la tendencia de Brentano, aparece la doctrina de los valores, sostenida por la Escuela de Baden, que afirma la objetividad de los valores culturales. Esta escuela está representada actualmente por dos pensadores: Rickert y Windelband, que sostienen dos direcciones dentro de la teoría de la ciencia. La 1ª. es la de la ciencia natural y la 2ª. la de la ciencia cultural. De ahí que presente dos clases de objeto de estudio, según que estudie la naturaleza como fuente productora de elementos, de cuyo estudio se ocupan ciencias como la Biología, la Botánica, etc., o bien que se ocupe del valor que nosotros ponemos en los objetos según las diversas actividades sociales y culturales, como la Estética, la Ética, la Religión, etc., constituirá entonces la ciencia cultural.

En las ciencias naturales se encuentran las leyes científicas con sus tres características: necesidad, universalidad y generalidad, es decir que no pueden considerarse como contingentes. En las ciencias culturales es esencial el valor cultural, que constituye algo que permanece en las cosas mismas, en su propia historia y determina fenómenos históricos, por ejemplo, la guerra. Si ésta se lleva a cabo por motivos religiosos, como las Cruzadas, su valor según la cultura, es en ella permanente. Las manifestaciones artísticas, las éticas, las jurídicas, el derecho, el deseo de soberanía, el anhelo de libertad, etc., no son sino manifestaciones de un solo y único valor: el de los derechos individuales y el de los derechos naturales.

Según este criterio, la historia ha quedado considerada como ciencia de lo individual.

Hace algún tiempo se discutieron en México las tesis contrarias de que la historia no podía ser considerada como ciencia y de que sí podía serlo. En pro de la primera se decía que la historia es indeterminista y que sus fenómenos son contingentes. En pro de la segunda se alegaba que la historia está basada en los fenómenos sociales y que la sociología constituye ya una ciencia, puesto que presenta leyes bien determinadas, como en los casos siguientes: la unión de los hombres por las costumbres, por la religión, etc.

Llegábase a asegurar que los fenómenos históricos serían posibles de preverse. Actualmente el punto de vista es bien distinto de una y otra tesis. La sociología está considerada muy aparte de la historia y los fenómenos históricos se estudian en sus características especiales, que le colocan también en un punto distinto de las llamadas propiamente ciencias naturales.

Encuéntranse, sin embargo, autores con tendencia determinista, como Spengler, cuyo concepto de casualidad es tan poderoso, que afirma que la cultura en su nacimiento, su desenvolvimiento, su culminación y su decadencia, obedece a un verdadero determinismo, todo lo cual trata de demostrarlo en su libro: "La decadencia de Occidente", en el que afirma que la cultura europea ha llegado a su fin. Pero en esta tesis se presenta que el problema de que la historia resulta en cierto sentido, determinista. La Escuela de Baden da la solución, diciendo que hay dos conceptos para la ciencia: el que considera las ciencias naturales es generalizador y el que considera las ciencias culturales, es individualizador. Tesis que según afirma Rickert, en oposición a Aristóteles que sostenía que no había ciencia de lo particular.

Un valor cultural sirve de unión a todos los procesos históricos, como en el caso de considerar el desarrollo artístico en cualquiera de sus manifestaciones, su puesto que, de la contemplación repetida se van determinado los conceptos de belleza y van pasando a la historia, hasta que dicho concepto, se convierte en algo que es general para todos. Estos valores tienen como nota interesante, su estabilidad, cuando menos para una cultura, de donde podemos deducir que su estabilidad no depende de nuestra subjetividad solamente, sino que permanecen como sosas valiosas en sí mismas.

El derecho, que se está elaborando, como actividad propia del hombre constituye también un valor cultural. Igual cosa puede afirmarse de la Ética.

Es este el concepto de Rickert, derivado del de Brentano, frente a la pura subjetividad afirmada por Kant, para quien el valor moral reside íntegramente en el propio individuo, bajo los conceptos de "Deber" y "buena voluntad" constituidos en un *a priori*.

Ahora bien entre la concepción ética de Brentano y la de Rickert, hay también una diferencia de objeto, porque para Brentano el objeto moral es puramente ideal y para Rickert es material, es decir, que para el primero se trata propiamente de un "valor" ético y para el segundo de "fenómenos" éticos. Así por ejemplo, cuando Brentano habla del contenido moral como aquello que es más digno de amarse, como el objeto más alto que pueda concebirse como digno de amor, se refiere a un objeto, pero de naturaleza ideal. En cambio Rickert, cuando habla de valores éticos, se refiere a la consideración de los hechos efectuados por los hombres y estimados por ellos mismos según un criterio determinado que es el que constituye precisamente el valor ético, de contenido material.

De ahí que toda la teoría actual de los valores derive de las dos tesis de Francisco Brentano, es a saber: La consideración de la acción moral como algo objetivo, o sea la ética con contenido ideal y la de que la ética en esencia es una a través de todos los tiempos y de todas las modalidades éticas de cada pueblo.

La Escuela de Baden, con Windelband y Rickert, elaboran la doctrina de los valores sosteniendo que hay dos clases de ciencias, las naturales que estudian los productos que nos brinda la naturaleza, tales y como ellos se presentan, sin que la mano del hombre les toque, y las ciencias culturales que se refieren a toda elaboración humana en relación con la estimación que los mismo hombres van poniendo en los productos elaborados. De ahí que se consideren entre las primeras como ya dijimos, la zoología, la mineralogía, etc., y entre las segundas la religión, la ética y la estética.

Una y otra se diferencian no sólo por su contenido, sino también por su método, porque mientras las ciencias naturales emplease el método de generalización, las ciencias culturales hacen uso del método histórico.

Ahora bien, como el valor cultural tiene objetividad, y puede, por tanto originar una elaboración científica.

El valor existe fuera de nosotros, no como elemento único, sino de naturaleza diversa, tanto en lo material como en lo espiritual.

En la tendencia actual se nota marcada inclinación hacia un objetivismo, es decir, a encontrar un contenido de los valores sin que por este objetivismo se entienda un "positivismo". Hemos dicho ya y lo repetimos, que el objetivismo puede ser tanto de naturaleza material como de naturaleza ideal, y que el positivismo se refiere a la apreciación del realismo ingenuo, como base de conocimiento.

Pero es preciso afirmar, que, aunque el valor es algo objetivo y que permanece fuera de nosotros, es sin embargo, algo artificial formado por el hombre mismo y que le es absolutamente propio. Así, si consideramos la religión, no cabe duda que ésta tiene su contenido que le es propio y que permanece en sí como cosa exterior a cada individuo, que en el curso de la historia va afirmándole sucesivo y sintéticamente. De ahí que Darwin afirmara que la religión tuvo sus principios en la comprensión de las causas, refiriéndose tan solo a la más elemental manifestación religiosa de los pueblos primitivos. Pero la religión en su más alta manifestación es la aspiración suprema del hombre. Es indudable que el anhelo de inmortalidad del alma no es otra cosa, que la aspiración del hombre a llegar a convivir con Dios. Por lo tanto la religión puede interpretarse como un deseo de infinitud.

La misma explicación puede darse respecto de los fenómenos artísticos. Es verdad que la obra de arte existe fuera de nosotros y que no podemos apreciarla si carecemos de determinada sensibilidad o de cierta preparación: pero es indudable que ni la sensibilidad, ni la preparación bastarían a producir en nosotros la impresión artística si no se presentara ante nosotros la obra de arte (música, pintura, escultura), o cualquiera que ella sea. Así, antes no sabíamos lo que era filosofía, pero después de estudiarla, vamos reconociéndola y uniéndola eslabón por eslabón hasta que comprendida y asimilada, llega a formar parte de nosotros mismos, es decir, es un conocimiento que forma parte de nuestra integridad. A esta actitud de la conciencia, que se dirige hacia el objeto que informa su conocimiento es a lo que se llama "conciencia intencional"

Existe también otra teoría llamada de la "Einfuhriing" íntimamente ligada con el *a priori* de Kant, que afirma que nuestra impresión de lo bello se produce porque somos artistas y nuestra disposición sentimental se proyecta sobre el objeto que despierta la emoción. Por ello son diversas las impresiones que producen las obras de arte ante un sujeto ya preparado para comprenderlas y cuya facultad de sentir puede proyectarse sobre ellas, como en el caso de las fugas de Bach, y en otro sujeto no preparado, a quien no le producen la menor impresión, emocionándolo sin duda, un aire popular de tema bien comprensible para su escasa cultura. Esta teoría es falsa. La obra artística se impone por su naturaleza. Bien es cierto que las obras teatrales de Werfel y O'Neil nos resultan demasiado duras para nuestra sensibilidad, pero si las estudiamos, se produce en nosotros una atracción invencible que nos llevará seguramente al entusiasmo.

Todo lo dicho puede aplicarse también a los actos morales que están fuera de nosotros y constituyen una objetividad de contenido. Así por ejemplo, si al presenciar una acción heroica nos sentimos atraídos a admirarla, es porque al mismo tiempo que existe en nuestro interior una posibilidad de aprehender el objeto, de amarlo, el acto moral que ha provocado la manifestación de dicho sentimiento existe positivamente fuera de nosotros.

# TEORÍA DE MAX SCHELER

Max Scheler ha dado tres pasos en la teoría de los valores:

1°. Existen fuera de nosotros los valores éticos, como valores objetivos.
2°. Estos valores producen en nuestra conciencia valores **intencionales**.

3º.  Estos "objetos intencionales" los podemos percibir en forma pura y llegar a conocer su esencia.

Las fuentes de donde derivan estos postulados son: la tesis de Brentano, la teoría de los valores de la Escuela de Baden y la teoría fenomenológica sostenida principalmente por Husserl.

La primera tesis de Max Scheler, o sea la objetividad de los valores, se puede comprender estudiando en ejemplos prácticos la acción recíproca entre el sujeto del conocimiento y el objeto que despierte la impresión, ya que ésta sea artística, ética, religiosa, etc. Estos valores objetivos los pensamos como cosas exteriores a nosotros, aún cuando dejan en nosotros una huella especial, que también tiene objetividad: a esta huella propiamente es a lo que se llama "contenidos objetivos". Estos contenidos presentan cierta semejanza con los recuerdos, como en el caso de que hayamos contemplado la Gioconda de Leonardo de Vinci, y, al alejarnos de aquel sitio, podamos revivir la impresión que su contemplación nos produjo. Así queda constituido el valor intencional.

Si de las consideraciones de muchos valores intencionales artísticos cuyo contenido está en la conciencia, podemos pasar a definir la esencia del arte, habremos llegado al conocimiento de "las esencias".

Pasemos ahora al concepto de cultura en Max Scheler, que como en Spengler, Keyserling, y Heidegger, procede de la elaboración de la Escuela de Baden, muy distinta de las consideraciones que Simmel hace sobre la cultura. En la obra *El saber y la Cultura*, Max Scheler trata de la esencia de la cultura, de cómo se produce, y de qué especies y formas del saber y del conocer, condicionan y determinan el proceso mediante el cual el hombre se convierte en un ser culto.

La cultura no es producto o contenido determinado de una época ni significa un proceso especial en la historia de la humanidad.

A diferencia de Spengler que habla de cultura oriental y cultura occidental, como procesos diferentes, y señala dentro de este concepto, no sólo los valores culturales sino hasta las investigaciones y descubrimientos, Max Scheler toma cultura como integración personal.

En Max Scheler debemos distinguir como primer conocimiento, el conocimiento científico, que él denomina "saber de dominio" porque se encarga de dominar el universo con las leyes naturales, considerado bajo la dirección del hombre que puede utilizarle a su deseo. Dicho saber se complementa con la técnica y tiene alguna conexión con la tesis pragmatista que afirma que "todo lo útil es verdadero".

En segundo lugar considera el "saber culto" que, además de poseer el saber de dominio o forma parte de la integración de la personalidad del hombre. Constituye no sólo un agregado, sino una esencia: no es una adquisición que puede perderse, sino una verdadera elaboración de la personalidad en su sentido más profundo. Es, en una palabra, la cultura, una categoría del "ser", no del saber ni del sentir.

Por último menciona el "saber de salvación" que es propiamente un saber religioso, y que se ocupa, por tanto, de ligar la esencia del hombre con la esencia de la divinidad.

Como el concepto más amplio es el de "saber culto", trataremos separadamente los puntos fundamentales que abarca, como lo ha estimado el maestro, para la fundamentación de la ÉTICA DE LOS VALORES.

El objeto esencial del saber culto es, como ya dijimos, llegar a la integración personal. En este sentido el hombre se identifica con el saber, lo toma como complemento de su propia naturaleza y lo asimila convirtiéndolo en elemento sintético consistente de sí mismo. Mas a pesar de que el saber culto entraña una mayor extensión que el saber de dominio, no quiere decir por eso que el que lo posee se imponga deliberadamente como elemento de superación en la sociedad, alardeando de una posesión de bienes más abundantes y mejores que el resto de los hombres, antes, fundiendo su propia personalidad en la mejor comprensión del mundo, no encuentra nada que no sea digno de estimación y adquiere capacidad de acercamiento hacia toda clase de personas por humildes que sean. Por eso, dice Max Scheler, "es tan propio" y esencial del saber culto, el no ser importuno, sino sencillo, modesto; el huir del sensacionalismo, del estruendo y de la extravagancia; el ofrecerse con evidente claridad y conciencia de sus límites. La cultura soberbia, el saber orgulloso, es "la priori" inculta, y más aún, lo es la presunción". Más adelante explica: "Aspirar a la cultura verdadera, significa buscar con clamoroso fervor, una efectiva intervención y participación en todo cuanto en la naturaleza y en la historia, es esencial al mundo, y no mera existencia y modalidad contingentes; significa como dice *El Fausto* de Goethe "querer ser un microcosmos". El mundo se ha perfeccionado **realiter** en el hombre, y el hombre debe perfeccionarse **idealiter** en el mundo".

"En esta idea de perfección puede colocarse el concepto del Eros de Platón, no en un sentido común de la palabra amor, sino en el muy alto que el verdadero Platón sentía, anhelo nunca satisfecho de íntima unión y simpatía con las esencias cósmicas de toda especie, el cual dio de una vez y para siempre su nombre a la "philosophia" (amos a las esencias). Aquel Eros, por cuya definición de conceptos, Platón, Aristóteles, Giordano Bruno, (amor heroico) Spinoza (amor Dei intellectuallis), Leibniz, Goethe, Shelling Schopenhauer, Eduardo von Hartmann y yo mismo, hemos luchado una y otra vez. Por eso es propio de la cultura no despreciar nada por completo, saberse a salvo en la más profundo centro de sí mismo, estar sereno".

A esta primera determinación, que corresponde a una idea del "microcosmos", añade Max Scheler, como carácter constitutivo de la cultura, la humanización. La base nueva, está en el proceso que nos hace hombres: pero a la vez es este mismo proceso un intento de progresiva autodeificación, visto desde la impotente realidad que existe y actúa por encima del hombre y de todas las cosas finitas. "Tenemos todavía, dice Max Scheler, un conocimiento muy defectuoso de lo que sea esa cosa que llamamos **hombre**".

De todo esto podemos deducir que en Max Scheler hay, no solo la tesis del conocimiento moral de Brentano, no solo la consideración objetiva de los valores culturales de la Escuela de Baden, sino aún más la descripción fenomenológica de los contenidos intencionales, "lo neutro de lo vivido", como lo llama Husserl.

Husserl afirma la objetividad de los objetos intencionales, objetos que existen en nuestra conciencia y cuya descripción constituye la materia de la Fenomenología.

En la Escuela de Baden encontramos las ciencias culturales al lado de las ciencias naturales, teniendo ambas por objeto, elementos de la realidad. En la Escuela fenomenológica, hallamos una pura descripción de los contenidos intencionales, que vienen siendo en este caso, no sólo los que corresponden a los objetos naturales, sino también a los objetos culturales.

Por esto afirmamos que en Max Scheler, están contenidos los postulados de Brentano, de Windelband, Rickert y Husserl.

## CONCEPTO DE CULTURA EN SPENGLER

Considera Oswaldo Spengler que la humanidad se desarrolla manifestándose a través de períodos que se llaman culturas. Las culturas son organismos, que nacen, crecen, se desarrollan y mueren. Esas manifestaciones son varias y presentan caracteres especiales. Según él, son culturas "tipos" la occidental, la gótica, la hindú, la árabe, etc. En uno de sus libros dedica algunos capítulos a la cultura "precortesiana" de nuestro país, artículos que contienen datos de gran importancia. (Digamos, de paso, que los autores alemanes son los que mejor conocen la historia antigua de México, y que existen obras que deben de recomendarse como la de Kholer sobre el derecho azteca, y la Muller, que estudia determinadamente algunas de las tribus más escondidas del Estado de Chihuahua).

Dentro de las culturas existen todas las manifestaciones del saber, de la religión, del sentimiento, de la voluntad, etc. Cada cultura es un conjunto de formas espirituales y materiales. Hay una verdadera morfología de estos elementos. Sin embargo, todo puede cambiar de cultura a cultura: la religión, el arte, la moral, el derecho, etc. Spengler analiza en el primer tomo de su obra *La Decadencia de Occidente* las diferentes formas de matemáticas que han existido, y llama a esta parte "teoría de los números". El estudio está dedicado a la consideración de la cantidad, desde su apreciación numérica hasta las más altas especulaciones de las matemáticas, bajo las formas de cálculo infinitesimal, cálculo de los tensores, análisis sytus, geométricas no euclidianas, etc. (El análisis sytus es una de las obras más interesantes de Leibniz).

En otros capítulos trata Spengler de la forma del alma, dedicado a cuestiones psicológicas: el de la morfología de la moral, que está bajo el rubro del socialismo, el budismo y el confucionismo; el estudio del derecho que está ampliamente expuesto en el cuarto tomo, así como el de las religiones y de la física que son admirables. Distingue tres clases de física, como separa tres clases de culturas: la apolínea, la dionisíaca y la fáustica, y declara que la filosofía actual es imposible sin un conocimiento bastante profundo de todas las ciencias y artes.

La cultura por tanto, no es más que una manifestación de la vida espiritual y material de un pueblo, manifestación que cuando llega a decaer, constituye una etapa de civilización. El pragmatismo es una filosofía de civilización, en tanto que el misticismo personal de San Agustín es propiamente una manifestación de cultura. El positivismo no llega ni a civilización ni a filosofía: es una verdadera decadencia del siglo pasado.

Jorge Simmel establece el concepto de cultura con bases muy semejantes a las de Spengler, aunque apegándose a un neokantisismo especial.

Frente a la tesis más bien sociologística de Spengler, se presenta la tesis de cultura de Max Scheler. Para él, como ya dijimos, la cultura es una integración de la personalidad, es un saber ser: es un ser microcosmos añadido a un ser humanización.

Es ante todo, la cultura, un elemento fundamental para integrar la esencia del hombre.

# LA LÓGICA DEL CONOCIMIENTO PURO
## de Hermann Cohen

En el sistema de Cohen, la ética tiene por base la lógica, si bien esta presupone aquella. La elaboración sistemática de la Lógica que Hermann Cohen nos da, tiene por título "Logik der reinen Erkenntniss".

No hay unanimidad sobre el método de esta disciplina, su fin y su propósito en sus discípulos. ¡Qué diferencia tan grande existe entre Wundt y Schuppe! ¡Cuánta divergencia entre Signoret y Erdmann! Pero ante todo, hay dos partes que hacen una guerra violenta y se pueden designar como la de los psicologistas y las de los críticos del Conocimiento.

Y por tanto el conflicto, considerado en su fondo, tiene ya una solución por Kant con la ventaja de la Lógica Trascendental, es decir la Teoría del Conocimiento. Se puede entonces considerar como un feliz presagio la disminución creciente de los partidarios psicologistas; recientemente, por ejemplo, un lógico del valor de Husserl se pasa abiertamente al campo de los críticos del Conocimiento.

La claridad y la solidaridad del punto de partida, en la lógica del Conocimiento Puro de Hermann Cohen, conquista la confianza del lector. A decir verdad, es por un penoso trabajo histórico y sistemático que H. Cohen se eleva a este punto de vista. Imbuido en las obras de Kant, abre un mundo de tesoros filosóficos que se hallan penetrando más profundamente, en el sentido y en el espíritu del Idealismo Trascendental. Y en su sistema él se esfuerza de mantenerse en la tradición de los grandes idealistas: Parménides, Platón, Descartes, Leibniz y Kant.

## APORTACIÓN DE PLATÓN AL MÉTODO DE COHEN

Platón había descubierto, en la concepción de la idea, el origen común de la verdad y del ser. Sus Ideas son los principios supremos, los conceptos fundamentales de la ciencia, son la base de todo conocimiento del ser y el partir desde los cuales el pensamiento científico debe apoyarse en la realidad.

De semejantes posiciones idealistas del conocimiento y del ser se encuentra en los grandes filósofos y sabios de todos los tiempos (éstas son ideas innatas de Descartes, los principios de Newton, las verdades de razón de Leibniz, las categorías de Kant, etc.).

Pero designando al mismo tiempo sus Ideas como siendo hipótesis, Platón las preserva y recurre a los matemáticos, que parten de principios supremos sin haberlos examinado de antemano, "que los dejan inmóviles" (Platón, *La República*) como si ellos fueran al mismo tiempo claros e inteligibles. Es aquí donde la filosofía entra en juego y aporta su auxilio. En ella se cumple, sin cesar renovadamente, el conocimiento por sí de la razón científica, en tanto que ella se remonta a los orígenes de la cultura en la conciencia de la humanidad.

Lo mismo Cohen edifica su lógica como una lógica de origen puro. El concepto de origen es absolutamente determinante y característico para el sistema. Cualesquiera que sean las costumbres, la tradición, los hábitos, cualesquiera que sean la sensación y la percepción sensible llegando al filósofo, él no puede aceptarlos sin examen, él debe inquirir por su origen y justificarlos así, científicamente. Lo dado constituye siempre más bien que otra cosa a determinar, un problema.

Es en este punto, en la inmediatez de la percepción sensible que el espíritu puede descubrir el ser: él debe producirse en su propia fuente, en el pensamiento y en la acción pura.

Es así que el concepto de origen distingue el idealismo crítico de todo realismo ingenuo, y de todo sensualismo.

Parménides había dicho: Pensamiento y Ser son idénticos; pero este pensamiento es el pensamiento de la ciencia, no la representación individual de lo particular.

# PAPEL DE LOS MATEMÁTICOS EN EL PROBLEMA

Los matemáticos y las ciencias matemáticas de la naturaleza comprenden en sus conceptos la realidad de esta naturaleza. Si entonces la lógica tiene la pretensión de elevarse hasta los principios del Ser de la Naturaleza, es necesario, como nos han señalado Platón y Kant que se dirija a las disciplinas susodichas. La lógica busca las presuposiciones del pensamiento que funda la matemática y las ciencias matemáticas de la naturaleza, y descubre en él los elementos del Ser.

Aquí está el concepto del origen que se revela muy lleno de frutos. En el Cálculo Diferencial e Integral, la matemática moderna ha llegado, puede decirse, hasta el conocimiento de lo en sí.

Un eminente matemático moderno reconoce la principal diferencia entre la matemática antigua y la moderna, en ésta se conservan a los objetos y a las formas su fluidez, los hechos pasan de unos a otros; mientras que en la antigua matemática sólo se tomaban en su carácter de datos inmóviles estudiados en su aislamiento.

A los conceptos matemáticos, los modernos han reconocido la continuidad del Ser, y es en el pensamiento matemático que el pesar se revela todo desde el principio con su carácter de generador de lo real. Leibniz y Newton han hecho en su descubrimiento del Cálculo Infinitesimal una dádiva a la física como arma para comprender la naturaleza.

Es, por tanto, en el número infinitesimal que Cohen funda su concepto de realidad. Pero si la Lógica se dirige desde el principio a las matemáticas, posee un medio de probar la fecundidad de los esfuerzos de la lógica moderna; viendo si ella satisface a la más importante de las disciplinas matemáticas: al cálculo diferencial e integral y a su significación para la física. Se puede decir que esto no ha sucedido antes de la obra de Hermann Cohen.

Ciertamente Kant había visto la función de las matemáticas en relación a la física, lo que no excusará decir que sus investigaciones sobre la realidad estén exentas de obscuridades. En cuanto a la lógica moderna, ella sufre sin excepción de una falsa concepción en lo que respecta a las relaciones entre estas mismas matemáticas y la física.

Esto se puede descubrir sobre todo en la lógica de John Stuart Mill. Según él, nosotros obtenemos los conceptos matemáticos por la idealización de las formas y de las apariencias que nosotros percibimos objetivamente en la naturaleza. No hay en la naturaleza la línea recta, el círculo perfecto; a ellos se aproximan los cuerpos.

Mill sabe naturalmente que la física moderna tiene necesidad de los matemáticos. Pero entonces si suponemos que la teoría de Mill sobre el origen de los conceptos matemáticos fundamentales es verdadero, es hacer caer a la física en una situación tragicómica: los conceptos idealizados no se adopten a los fenómenos, y sólo un conocimiento aproximativo de la física, es posible con el auxilio matemático.

¿Para qué sirve, entonces, la idealización? Se dirá, según Mill, que la precisión excesiva de los conceptos matemáticos fundamentales impide su exacta aplicación; o de lo contrario se tendrá como verdadero, que, cuando nosotros no podemos, con el auxilio de las matemáticas, resolver o comprender los detalles de los fenómenos naturales, es que nuestro conocimiento matemático no ha sido preciso.

El carácter generador del pensamiento lógico matemático no es justamente reconocido aquí.

Los pitagóricos sabían ya que el número es la presuposición del objetivo del conocimiento, es decir, que sin el número no había objeto del conocimiento. Y esto es válido para todos los conceptos matemáticos y en especial para el número infinitesimal.

Responderemos más tarde a esta consideración; por ahora trataremos de caracterizar con más vigor el concepto del pensamiento. El pensamiento se realiza en conceptos. Pero el concepto difiere de la representación. Este depende de la subjetividad del individuo representante. El concepto significa la objetividad de la ley universal y es universalmente válido. El se realiza y toma nacimiento en el juicio. Para definir el concepto, es necesario remontarnos al juicio generador. E inversamente, el juicio cumple su fin en el concepto.

Platón ya ha definido el concepto como la unidad de una multiplicidad. Es entonces, por el pensamiento de la unidad que el pensamiento en los juicios debe ser así, sobre todo caracterizado. El juicio no es, como se hace notar por error de una opinión lógica muy generalizada, la liga o síntesis de los conceptos dados en su cumplimiento (sujeto y predicado); el concepto del sujeto no tiene nacimiento más que en el juicio, por la determinación que le confiere el predicado.

El concepto de unidad se enlaza necesariamente con el de separación. Si se pone cualquiera cosa como unidad, yo la distingo y la separo al mismo tiempo de cualquier otra cosa. Separación y unidad no son actos diferentes del pensamiento. Son solamente dos fases de un proceso único. Ellas se penetran y exigen recíprocamente. El pensamiento puede, además definirse como la unión de la permanente y de lo cambiable. En el cambio, lo que se conserva es la ley del Ser. Un cambio sin permanente dejaría el pensamiento al azar y al devenir. La permanencia sin cambio quitaría al pensamiento su vida y lo reducirá a una inmovilidad petrificada.

Sobre los caminos de Platón y de Kant, Cohen busca, conforme a la tendencia de su lógica, las características del Ser en las diferentes especies del juicio lógico. Pero aquí se manifiesta sobre dos puntos, la libertad de su punto de vista. Al principio él rompe con el perjuicio en virtud del cual una sola especie de juicio no puede corresponderse jamás más que a una sola categoría.

## I

En esto encontramos las doctrinas anteriores satisfechas. En primer lugar la tesis del origen en cuanto se busca la naturaleza última de lo dado. Segundo término la interpretación matemática, el pensamiento más exacto está relacionado e identificado como el ser en última instancia.

Ya no se habla de la cosa en sí, de lo noumenal, ahora se trata de encontrar la última naturaleza en una relación matemática y tal parece que la ciencia moderna confirma esta pretensión. De la molécula se ha pasado al ion, electrón, protón a través del átomo; se ha llegado a la energía y en últimos estados a una selección cuantitativa de la naturaleza matemática.

## II

La matemática hasta antes del Cálculo Infinitesimal, era una ciencia de lo discontinuo. La Geometría euclidiana estudió el campo de las figuras sobre superficies y de los cuerpos en el espacio. El análisis algebraico no encontró la idea exacta de la funcionalidad y sólo hizo mención a simples igualdades e identidades en las que se desconocía uno o más valores. El Cálculo Diferencial y el Integral vinieron a establecer las nociones capitales de fluxiones y elemento infinitamente pequeños. Con estas ideas lo discontinuo llegó al límite de lo continuo, pues el infinitamente pequeño, como su nombre lo indica, no puede estimarse como un dato de separación, sino al contrario, de liga y enlace absolutos. Fue posible, desde entonces llega a señalar los momentos instantáneos, a través de las nociones de derivada y diferencial.

La tangente en el límite de la secante, la velocidad es un instante dado, en donde sólo existen diferencias infinitamente pequeñas, en una palabra, todas las nociones fundamentales de las ciencias físicas se pudieron explicar y representar en sus instantes últimos con el auxilio de la ciencia matemática. La Geometría Analítica a base de aspecto de relaciones funcional, en la que se enlazan el pensamiento representado por el análisis y la sustancia extensa representado por la geometría; tuvo una conformación y ahondamiento considerable con el empleo del Cálculo Diferencial.

Pero lo más interesante del número infinitesimal fue que apoyó y descifró el proceso de los fenómenos físicos, y por lo tanto, sirvió de base a esa interpretación de que profundizando lo perceptible se llega a su naturaleza última en el pensamiento matemático. Este dato lo aprovechó admirablemente Cohen y sobre él delineó toda su Lógica.

El principio de origen nos lleva a la consideración del juicio matemático, último elemento de la realidad tangible; la afirmación del devenir, del cambio en la tesis del Cálculo Infinitesimal nos condujo a una interpretación justamente más exacta del devenir. Claro es que debe añadirse al Cálculo diferencial, el Cálculo inverso; integral ya que por él la superficie, el volumen, se llegan a presenciar definitivamente así como los fenómenos físicos en su más compleja diversidad.

# LA MATEMATICA Y SU UTILIDAD

Por el Dr. Adalbero García de Mendoza.

Jefe de Enseñanza de Matemáticas.

Dedicado muy afectuosamente a los Maestros del Colegio de Matemáticas de las Escuelas Particulares Incorporadas a la Secretaria de Educación Pública.

Cada día se va señalando la necesidad de impartir nociones matemáticas en número muy limitado. Por esta razón los programas de matemáticas se han ido reduciendo a tal extremo, que de continuar por esta vía, no podrá llegarse más allá de las cuatro operaciones fundamentales en la aritmética, la resolución de las ecuaciones de primer grado en álgebra, las razones trigométricas y unos cuantos teoremas y fórmulas en la geometría.

Para compensar esta carencia de conocimientos se afirma que es necesario encausar a nuestros estudiantes por el camino de la técnica y sobre todo de los trabajos manuales en talleres y laboratorios. Sobre este grave problema voy a dar mi opinión en la forma más sincera.

La Técnica y la matemática.

No cabe duda que la técnica actual cada día es más precisa. Requiere conocedores profundos en su manejo y supone amplios conocimientos en la ciencia de la matemática.

139

Ya no es el carpntero, el herrero, el ajustador de máquinas con simples conocimientos de aritmética y geometría en estimaciones de poca precisión. Estas técnicas han pasado al olvido. Ya no es posible en las grandes fábricas, en los laboratorios modernos emplear artífices sin la debida preparación matemática en donde el empleo de tablas de logarísmos y de tantas más que son bien conocidas por los maestros de matemáticas, es indispensable. El moderno obrero es cada día más responsable del manejo de controles precisos y delicados, debe poseer conocimilentos suficientes para no ocasionar tragedias y desastres de enorme desequilibrio humano y en cambio satisfacer a tantas exigencias que la civilización está imprimiendo.

Basta visitar actualmente las fábricas, los talleres, los laboratorios en el campo de la física, la química, la biología y la industria moderna para darse cuenta de que un obrero es un cerebro que en cada momento debe estar pendiente de multitud de detalles que sólo con la matemática puede sortear.

Tomando en consideración estos antecedentes, no es posible suponer que las Secudarias y las escuelas de la misma altura académica no se preocupen de perfeccionar los conocimientos matemáticos indispensables, no sólo para los ingenieros, sino para los obreros y técnicos en su totalidad. Luego la vida misma impone mayor atención a este problema porque, si hemos de preparar a nuestros estudiantaes para el trabajo de la vida moderna, no lo haremos con suficiente eficacia si no le entregamos los instrumentos necesarios para la lucha y el triunfo en sus labores.

## El tiempo y la enseñanza

Frente al imperativo anterior no puede satisfacer la contestación de que no hay el tiempo suficiente para hacer la preparación matemática de nuestros jóvenes que van a formar parte de los obreros y de los intelectuales encargados de la técnica del futuro. Es necesario ver la realidad frente a frente. Si hasta la fecha se ha establecido que el término de estudios en las escuelas medias y preparatorias ha sido no mayor de cinco años, y este tiempo es insuficiente para una buena preparación, es indispensable alargar dicho trabajo preparatorio hasta el límite que sea satisfecho.

Cada día veo cómo se reducen los programas de matemáticas por ésta exigencia y que me doy cuenta de la creciente ignorancia en esta materia de nuestros futuros obreros, técnicos, ingenieros y especialistas; me causa terror imaginar el mundo del mañana en que los jóvenes y los adultos no estén suficientemente preparados para el trabajo y carezcan en aquel entonces de comprensión y responsabilidad suficientes.

En la mayoría de los programas que he estudiado de las escuelas medias y preparatorias, lo mismo en los países europeos que en los asiáticos y norteamericanos, siempre he encontrado como mínimo de Secundaria cuatro años y dos o tres años de preparatoria. Al revisar sus programas de matemáticas jamás he visto excluído nociones fundamentales, de aquellas sin las cuales es posible darse cuenta de las leyes y problemas de ciencia como la física, la química, la biología y sociología cuando menos.

Nuestra escuela Secundaria que prepara al hombre para actividades diversas en la sociedad moderna, no sólo como profesionistas sino como técnicos, toma en cuenta que hay que ajustarse a la vida científica que cada día progresa a pasos agigantados. Cabe percatarse de que un cerebro bien preparado no sólo es necesario para la técnica simple, sino también para la convivencia social y cultural. Sobre esta base, la educación de la matemática debe intensificarse en lugar de diluirse en simples nociones y memorización de fórmulas. Impartirse con más ahínco y con un espíritu de comprensión para ese mundo que se avecina y que no será el que vivimos nosotros los maestros, sino el que sufran o gocen nuestros alumnos que actualmente son niños, adolescentes o jóvenes.

## Capacidad del estudiante.

Un segundo argumento para disminuir la enseñanza de las Matemáticas, completamente falso, es el de suponer que el estudiante actual no tiene la capacidad suficiente para comprender las cuestiones matemáticas en sus grados medios y superiores. Ciertamente nuestros alumnos vienen de la Primaria sin la necesaria preparación por causas que en artículo especial podríamos precisar.

Pero su capacidad es excelente. Los estudiantes mexicanos son tan listos y tan capaces como los mejores de las más prestigiadas escuelas y Universidades del mundo. Lo he comprobado en observaciones hechas en los cinco continentes y en práctica propia. No en vano se obtuvo para México el primer premio en Filosofía Oriental hace catorce años, en una junta en que compitieron todas las naciones del orbe con más de quinientos intelectuales. Concurso convocado, con toda la seriedad necesaria por las más famosas Universidades orientales. En matemáticas y física tenemos muchos ejemplos de cerebros excepcionales y basta mencionar a tres de ellos: Francisco Díaz Covarrubias, Sotero Prieto y Manuel Sandoval Vallarta. En pintura ocupa México, sin duda, uno de los primerísimos lugares en el mundo en este momento. ¿Porqué entonces pensar que nuestros jóvenes están incapacitados para comprender las cuestiones elementales de la matemática, cuestiones que no requieren otra cosa más que una mente normal y el sentido común?

La realidad es, que si no ocupamos uno de los primeros lugares en la intelectualidad y en la técnica en el mundo, es porque carecemos de disciplina y constancia en nuestras empresas. Iniciamos labores que dejamos intempestivamente a pesar de darnos, en muchas ocasiones, el goce del triunfo. No son los jóvenes nuestros perseverantes en el estudio buscando las razones más profundas, analizando y resolviendo los problemas hasta vencerlos, redondeando los conocimientos, afirmando los lugares débiles y entregándose de lleno a una labor sin mezclarla con distracciones fáciles y hasta perjudiciales. Quieren lo fácil a toda costa. Hay pereza para pensar y trabajar. No existe más que el entusiasmo por el triunfo inmediato y superficial. Los encausamos por una actividad oportunista. Error caso. No se comprende que el trabajo debe ser continuo ordenado, distribuido en justa correlación con el descanso honesto y optimista; no agotador ni tampoco tomado como un castigo, sino al contrario saludable y vitalizador. Es necesario que el estudiante se consagre a su propio estudio sin alarde de sapiensa y, por lo tanto, sea humilde para alcanzar las metas superiores. Comprenda, viviéndolo que el orden en todo es el principio del triunfo.

Añadiríamos un consejo más, no sólo a nuestros estudiantes sino a todos nuestros compatriotas, si queremos triunfar no despreciemos las obras realizadas por los mexicanos. No pensemos que toda obra extranjera sin excepción es siempre buena y magnífica. Estimulemos a nuestros trabajadodres intelectuales y manuales apreciando sus obras y sus esfuerzos. Desechemos la lucha sostenida por el egoismo y la egolatría.

Y ahora bien, ¿Qué disciplina más justa para corregir el defecto originado por el desorden, la pereza mental, la soberbia y la pedantería que el estudio de la matemática finamente labrado, fundado en un pensamiento reposado, exacto, evidente; es una serie encadenada de verdades con fundamentos sólidos y en una meditación sobria y profunda?

# La matemática como disciplina mental.

Ahora bien, la matemática no es únicamente una disciplina de especialización de manejo de lo cuantificable, sino la más severa y precisa de la mente humana. Basada en la lógica, que corresponde al campo del pensamiento verdadero, ajustando sus principios y axiomas a verdades evidentes, poseyendo razonamientos precisos y nada dudosos, es la preparción más útil para una mente que pretende ser diestra en la técnica, la ciencia, la filosofía y aún el arte.

Alguien ingenuamente cree que el orador magnífico no necesita más que de simple inspiración literaria y de verbosidad fácil. Ese alguien es un ingenuo y un tonto. El orador necesita antes de hacer uso de la palabra forjar un plan de exposición y a medida que avanza en su locución, va desarrollando un pensamiento perfectamente lógico y de rigurosa estimación en cuanto a sus afectos y sus conquistas. Exclusivamente una mente equilibrada y disciplinada puede lograr estos planes que requieren ser rápidos y certeros. Hay otro alguien que supone que el músico también obra por simple tanteo, pero él, cuando deja de ser ignorante de estas cuestiones, llega a percatarse de que la armonía, el contrapunto, la estimación de los timbres en la orquestación, el empleo de las formas musicales sólo son dables a quien tiene una mente disciplinada. Y si así pasamos una revista sobre las demás actividades intelectuales hasta llegar al Derecho que imparte justicia, a la filosofía que es la reflexión sobre la cultura misma y a la ciencia que es la investigación a regiones de la realidad en forma de leyes y principios, nos iremos convenciendo que disciplinar la mente es y debe ser la base de toda educación seria. Y ninguna ciencia logra crear esta disciplina como el estudio serio y conciente de la matemática.

## La matemática y el arte.

La matemática es orden y el arte es también orden. Podríamos decir que así como la virtud es el orden en el amor, virtus est ordo amoris, según la expresión de San Agustín, así también la matemática es el orden en la proporción. Por eso, cuando se enseña con inteligencia la matemática vemos en nuestros estudiantes, al terminar el desarrollo de una demostración, que sus ojos brillan como quien ha descubierto un nuevo mundo y goza de una felicidad interna de tipo absolutamente espiritual.

No cabe duda que esos instantes los vive la inteligencia cuando, bien encausada, llega al asombro de que hablaron los griegos, frente a la verdad y a la naturalza de las cosas. En el arte sucede lo propio. Un soneto bien laborado y espontáneo hace brotar de quien lo crea y de quien lo escucha una satisfacción y un goce infinitos. La mayoría de las catedrales góticas nos producen el asombro que solo la belleza puede entregar al espíritu. Los colores de un cuadro bello, los movimientos de una danza bien ejecutada, el ritmo que tienen las formas de una estatua de primera categoría siempre causarán en nosotros deleite asombroso y siempre nuevo. También el goce de la virtud es de una naturaleza semejante. La recompensa de un acto bueno está en la conciencia tranquila y gososa así como el castigo del pecado está en el remordimiento.

Si la matemática desde sus primeros pasos va produciendo asombro en nuestros estudiantes, cuando llegue a aquellas teorías y soluciones de los más grandes matemáticos, su deleite será sublime y solo comparable con el producido por la más grande obra artística y por la más sincera realización bondadosa.

## Intensifiquémos maestros nuestra labor.

Intensifiquémos prudentemente la enseñanza de la matemática. Es cosa de nuestra responsabilidad como maestros y si no interesamos a nuestros alumnos en nuestra enseñanza es que no estamos suficientemente preparados para tan noble labor. Pero también pedimos, a quienes formulan planes de estudio y programas de las clases en la Escuela Secundaria, sobre las bases más serias de la Pedagogía y la Didáctica modernas, con el propósito de coordinar los intereses científicos, artísticos y sociales, para el logro de la integración de la personalidad humana de nuestros jovenes; que se nos dé el tiempo necesaio para realizar nuestra labor a conciencia y se siga otorgándonos la libertad suficiente para que nuestra responsabilidad sea aún más evidente y ella nos encause en el desempeño de nuestra noble labor o nos convenza de que podemos ser útiles en la realización de otro trabajo, tal vez más fructífero en otro aspecto, que no sea el de la enseñanza de las matemáticas.

México, D. F. 23 de diciembre de 1954

# COMENTARIOS A LA PSICOLOGIA DE ALOYS MUELLER

Por el Dr. Adalberto García de Mendoza

## I ¿Cuál es el objeto de la Psicología?

<u>¿A qué grupo de ciencias pertenese la Psicología</u>

1. La Psicología no es ciencia del alma. Desde Aristóteles, pasando por la Edad Media hasta el Renacimiento se tomó el alma como un ente simple, espiritual y sustancial. Su aspecto fue metafisico, es decir, de objeto suprasensible. Fuera del alcane de nuestras sensaciones. En otros términos inexperimentable por principio. Ya sabemos que los objetos metafísicos tienen dos condiciones inherentes a su naturaleza: se puede llegar a ellos partiendo de la experiencia; pero a la vez ellos son inexperimentables por principio.

*Comentario*

Consúltese Estudios sobre la naturaleza de los objetos metafísicos en Mueller "Introducción a la Filosofía" Debe desligarse el concepto de trascendencia para el alma del de naturaleza de la vivencia psíquica.

## II La psicología es la ciencia de lo psíquico y por ende una ciencia natural.

Se presentan en la naturaleza dos clases de objetos; los físicos y los psíquicos.

Se pueden considerar a estas realidades desde un punto de vista ametafísico o premetafísico. El mundo físico circundante es del dominio objetivo de la ciencia natural. La ciencia natural es metafísicamente neutral. Se nos da la imagen del mundo fenomenológicamente. Fenomenológico quiere decir lo dado puro y simplemente. Lo psíquico también tiene carácter ametefísico.

El mundo ametafísico (lo físico y lo psíquico) no es nada teorético, es el mundo de la vida natural.

Sus caracteres son los siguientes:

a) Son temporales y
b) Están sometidos a leyes

La Psicología es una ciencia natural. Por naturaleza entendemos el conjunto de todos los objetos que al par son temporales y están sometidos a leyes.

*Comentario.*

Hágase la distinción entre ciencia natural y ciencia cultural y véase para el objeto: Rickert: "Ciencia Natural y Ciencia Cultural." Hágse hincapie en el término fenomenológico como sinónimo de lo que se da pura y simplemente. En cambio para la Fenomenología el término fenomenológico tiene un carácter de esencialidad.

Hágase la distinción entre lo físico y lo psíquico según las ideas de Brentano "Psicología desde el punto de vista empírico". Hágasse hincapié en la importancia que tiene de considerar a la Psicología en el campo de la ciencia natural y no el de la ciencia cultural. Tómese en cuenta la temporalidad como carácter de lo psíquico y véanse las opiniones de Bergson y Husserl.

## III Complementos acerca de la imagen fenomenológica.

a) La ciencia natural, incluyendo aquí la Psicología, no se contenta con los objetos inmediatamente dados, busca todos los objetos existentes en sus dominios. Así llega a los átomos, electrones, procesos del rojo y del verde en la retina.

Hay una imagen fenomenológica ingenua y una científica. La imagen científica del mundo es una interpretación fenomenológica de la imagen ingenua precientífica.

*Comentario.*

Hacer el estudio de elementos últimos en cada una de las ciencias y dar la distinción entre imagen científica e imagen ingenua.

b) La ciencia natural tiene por carácter hacer una reagrupación del material.

La obra de la ciencia muestra que todo lo que nosotros llamamos más adelante modos fenoménicos es dependiente de nosotros. No así la imagen precientífica en que el mundo circundante es totalmente independiente de nosotros.

*Comentario*

Debe hacerse hincapié en que el hacer la reagrupación del material estamos realizando una labor intelectiva bajo un criterio también intelectivo determinado. Hay propiamente una concepción del mundo, una racionalizacilón del universo. Kant apoya esta idea, para él también la imagen ingenua es producto de una racionalización. Sin embargo la racionalización es máxima cuando se trata de conseguir conceptos científicos.

c) Diferencia entre lo psíquico y lo físico
d) La Psicología y la ciencia natural guardan frente a la metafísica una misma actitud en el orden de las cosas. Es ciertamente lo metafísico lo más profundo y fundamental; pero en el orden del conocimilento es la ciencia natural lo primero y la Metafísica lo segundo. La ciencia natural es independiente de la Metafísica. Así lo es propiamente la psicología.
e) El mundo fenomenológico se divide en varias capas, tres son las fundamentales:

1)  El mundo fenomenológico ingenuo, que es el conjunto de las cosas dadas de un modo sencillo. Contiene este mundo el yo y los objetos situados a distancia del yo.

2)  El mundo de las percepciones. El mundo de la percepción es un mundo percibido.

3)  El mundo de la ciencia natural que es la interpretación del mundo fenomenológico ingenuo.

## IV. Otras interpretaciones de la psicología y de su relación con la ciencia natural

Intencionalmnete dejaremos a un lado las ideas de Brentano: "Psicología"; Stumpf: "Representaciones y Funciones"; Husserl: "Investigaciones Lógicas"; y Natorp: "Psicología General", así como también las ideas de "Dilthey: "Ideas sobre una beschreibende und zergliedernde Psychologie", Bergson: "Datos inmediatos de la conciencia" y "Materia y Memoria", Jaspers: "Psycología General."

Vamos a tratar de examinar muy brevemente algunas interpretaciones que se vuelven directamente contra la caraterización de la Psicología como ciencia natural.

1)  La definición de la Psicología como ciencia de los fenómenos de Conciencia es defectuosa. Pues no incluye el campo de la inconciencia que actualente es investigado por el Psicoanálisis de una manera brillante.

*Comentario*

Hacer una exposición de los campos de la subconciencia y la inconciencia. Establecer alguna de las características del Psicoanálisis de Freud, Adler y Yung. Hacer incapié en los reflejos condicionados según las ideas de Pawlow

2)  Guillermo Wundt opina que la Psicología y la ciencia natural, aún cuando tienen el mismo objeto, lo consideran desde diversos puntos de vista "La ciencia natural estudia los objetos de la expeeriencia en su modo de ser, considerado como independiente

del sujeto. La Psicología investiga el contenido total de la experiencia en sus relaciones con el sujeto." Es decir, la cilencia natural estudia el número de vibraciones independientemente de cualquiera cualidad subjetiva, mientras que la Psicología estudia la relación del objeto con el sujeto en una forma de estimación.

Esta interpretación es de origen metafísico. Desde este punto de vista los dos campos son diferentes. Pero desde el aspecto científico los dos se explican con el proceso de aprehensión o interpretacilón del mundo

*Comentario.*

Consúltese la obra de Wund. Véanse los caracteres de la recionalización Del mundo en Kant, y otros autores.

3)  Para Mach y zieben, la Psicología y la Ciencia natural se alejan de la Metafísica. Según Mach es la realidad toda una masa compacta de sensaciones, tomando este término de un modo neutral, esto es, no debe designar ni algo físico ni algo psíquico.

Para Ziehen debe partirse de lo dado en todas las ciencias, entendiendo por lo dado todo lo que vivimos y tal como lo vivimos. Lo dado se divide en dos clases: sensaciones y representaciones. Por lo tanto para Mach como para Zieben la ciencia natural y a Psicología tienen el mismo objeto.
Ambos psicólogos hacen metafísica desde el momento que consideran a las sensaciones como últimos elementos de lo real. Existe propiamente un mundo exterior que provoca las sensaciones.

*Comentario.*

Véase la obra de Mach "Análisis de las sensaciones", la obra de Ziehen "Fundamentos de la Psicología". Véase fundamentos del Empiriocriticismo y su crítica por Lenin.

4.  Kueger opina que la Psicología actual se le estima como mecánica atomista y por esto mismo como ciencia natural.

En primer término no debe ser estimada en el campo de la atomística pues sus fenómenos solo obedecen a un proceso evolutivo y nunca de acomodamiento, reajuste, reintegración de átomos. La Psicología debe ocupar, según este autor, el lugar de las ciencias del espíritu.

5. Debe rechazarse esta tesis, porque no toda la cienca natural es una mecánica atomística, pues la Biología ofrece un espectáculo distinto y también es ciencia natural. Debe verse especialmente que lo esencial para la división de las ciencias reside en el tipo del objeto más que en la organización y funcionamiento del mismo objeto.
6. Según Erismann puede la Psicología proceder como psíquicas inferiores. Pero en las funciones superiores se mantiene en el campo de la cienia cultural. En estas se deben distinguir el "tener conciencia" y "aquello de que se tiene conciencia". El primero no puede desligarse del segundo.

## V. El expermento y la ley de la psicología

Debe estudiarse en que consiste la ley en el campo de la Psicología, y lo propio debe hacerse con la naturaleza del experimento psicológico.

<u>Ley</u>

Toda ley es la expresión de las uniformidades de la naturaleza. Las leyes son de dos tipos: unas cualitativas, indeterminadas y hasta cierto punto contingentes; y otras cuantitativas exactas y necesarias. Toda ley cualitativa tiende a hacerse cuantitativa. Así los primeros esbozos de las uniformidades naturales principiaron describiéndose, a veces con una ingenuidad tan amplia como el considerar la atracción de los astros como el efecto de estados amorosos. Más tarde se van cuantificando y aún actualmente, casi toda la rama del magnetismo y gran parte de la electricidad, han quedado en el dominio de las leyes cualitativas. Sin embargo la ciencia a medida que avanza va cuantificando todas sus leyes.

<u>Leyes definitivas, ideales y empíricas</u>

Las leyes ya en el estado cuantitativo, se les llama leyes definitivas. Las Leyes aplicables a objetos ideales, como las matemáticas, se les denomina leyes ideales. Las leyes que se fundamentan en la experiencia que solo tienen validez dentro de un sector determinado se les llama leyes empíricas. La mayor parte de las leyes en Psicología son cualitativas y a la vez empíricas según Mueller. Se las puede considerar como leyes definitivas en vista de que siempre serán cualitativas necesariamente puesto que las funciones psíquicas jamás podrán determinarse en forma cuantitativa.

*Comentario*

Si nosotros aceptáramos la doctrina de la Filosofía de la Contingencia formulada por Boutroux y más tarde por Bergson, tendríamos que afirmar que todas las leyes son contingentes y que no existe una sola ley que sea exacta y además necesaria. La contingencia, es decir que pueden ser o no ser, es la característica sustancial de todas las leyes científicas empezando desde la Matemática y lo Lógica hasta terminar con la Sociología. Consúltese "La Contingencia de las Leyes Naturales". De Boutroux y "La evolución creadora", y los "Datos Inmediatos de la Conciencia" de Bergson. Para el autor que nosotros estudiamos la mayoría de las leyes de la Psicología son cualitativas, pero su carácter lógico es distinto de las Leyes cualitativas de la Física, ya que en etas últimas son transitorios, para resolverse más tarde en definitivamente cuantificativas.

# VI La Psicología en relación con otras ciencias.

Más tarde se determinarán las relaciones que hay entre la Psicología y las Matemáticas, lógica, Etica, Estética, y Filosofía de la Religión. Por ahora daremos las relaciones con la Historia y con la Pedagogía.

La Psicología es la base necesaria para la ciencia Histórica. No puede haber ninguna investigación histórica sin una base psicológica tanto individual como colectiva.

Las relaciones de la Psicología con la Pedagogía, son estrechísimas, pues la primera constituye el fundamento de la segunda. Mueller asegura que para el pedagogo práctico la Psicología es pueril, pues el auténtico pedagogo nace, no se hace. Nosotros decimos que la Psicología no es superflua para nadie y es la base de toda disciplina pedagógica seria.

Y además el pedagogo nace pero a la vez se hace; es decir a la vez desarrolla esa facultad que tiene incrementando con conocimientos científicos sus propias inclinaciones.

## VII Algunas definiciones

Espíritu. No debe tomarse este término por ser equívoco.
Alma. Solo puede tomarse como sinónimo del conjunto de los procesos Psíquicos del individuo.
Cuerpo. Todo cuerpo debe tomarse como cosa física.
Material. Es el sinónimo de físico.

## VIII Ojeada sobre el dominio total de la psicología.

La psicología comprende:

A. Psicología de la vida psíquica normal.
B. Psicología de la vida psíquica anormal (enfermedades mentales, hipnotismo, criminalidad, lesionados fenómenos ocultistas.)

La Psicología de la vida psíquica normal comprende:

1. Psicología individual.
2. Psicología de las masas (de las masas accidentalmente formadas)
3. Psicología social (Psicología de las grandes manifestaciones de la cultura, el mito, el lenguaje, las costumbres, el Arte, la Religión, la concepción del mundo.)

La psicología individual comprende:

1. Psicología del hombre.
2. Psicología Animal. (Que a la vez puede dividirse en general, diferencial y evolutiva)
3. Psicología vegetal.

La Psicología del hombre comprende:

1. Psicología general.
2. Psicología diferencial (Psicología de las deferencias que se producen por medio del sexo, profesión, dotes nativas, herencia, clase social, medio ambiente, experiencia, etc. en los individuos y en los pueblos)

3. Psicología de la evolusión. (desde el niño hasta el adulto.)

La Psicología General comprende:

1. Psicología del hombre culto adulto.
2. Psicología infantil, Psicología juvenil, psicología de la vejez.
3. Psicología de los ciegos, de los sordo-mudos, etc.

Nos vamos a ocupar exclusivamente de la Psicología del hombre culto adulto.

# IX. Metodos de la psicología

Introducción y extrospección

La Extrospección consiste en experimentar y observar hacia fuera; la introspección en ver hacia dentro a nuestros fenómenos psíquicos.

*Comentario*

Debe distinguirse entre experimento y observación. Experimentar es repetir a nuestro arbitrio determinado fenómeno poniendo las causas que deben producir determinado efecto. Observar es reducir nuestro estudio a contemplar lo que acontece sin tener los medios necesarios para poder repetir dicha situación. Un eclipse se oberva, no se experimenta, una reacción psíquica se experimenta.

Los métodos de la Psicología corresponden a una metodización tanto en el experimento como en la observación.

Método es un experimentar y observar organizados. Se caracteriza por tres cosas.

1) Por fijar un fín de la investigación.
2) Por el uso de todos los medios que permitan alcanzar del modo más puro posible este fín.
3) Por el designio de llegar por este camino a resultados universalmente válidos.

Los métodos científicos

La psicología busca descubrir la estructura oculta en la vida psíquica de todo individuo. Se construye así el tipo normal de un alma que no ha existido. Esta es la Psicología General. En segundo lugar indaga la variante de los individuos. Esta es la Psicología Diferencial.

Toda Psicología parte de tres procedimientos fundamentales.

1. El Método fenomenológico. Es el simple contemplar lo psíquico.

   a) Aprehende y describe las cosas psíquicas en su peculiaridad.
   b) Analiza los fenómenos psíquicos complejos. Ante todo supone el acercarse a las cosas en prevención, sin prejuicios de ninguna especie, la pura voluntad de ver, la sencilla entrega a lo que está allí.

*Comentario*

Se refiere Mueller a la reducción fenomenológica empleada por Husserl, base de toda actividad científica. Consúltese la descripción fenomenológica de la volunted por Pfaender.

2. El método experimental.

El experimento permite:
   1) Provocar voluntariamente los fenómenos

El experimento encuentra:

   1) Conexiones regulares
   2) La posibilidad de incidendia al método fenomenológico, es decir,

Repetir o ayudar los procesos.

3.  El método estadístico.

Este obtiene su material sin intervenciones voluntarias en los procesos de la conciencia.

El test que afirma W. Stern ofrece una justa combinación de estos tres métodos, la define así: "El Test es un experimento destinado a fijar en un caso dado la constitución psíquica indivildual de una personalidad o una sola propiedad psíquica de ella"

### Caracteres más Detallados del Experimento Psicológico

1.  El experimento no es el método, sino un método de la psicología
2.  El experimento es auto-observación, particularmente desarrollado.

En este punto estamos en desacuerdo con el autor.

# Las propiedades generales de lo psíquico

## A. La Corriente de la conciencia

La totalidad de lo psíquico es siempre cambiable. Una corriente, un torrente según la expresión de James.

La mutabilidad
El estado total de nuestra conciencia no es nunca el mismo, sino siempre distinto. Cada momento está naciendo, creándose. Una exacta comparación se puede hacer con las ondas en el agua, pueden ser semejantes, incluso iguales, pero nunca las mismas.

La continuidad
La corriente de la conciencia es continua, es decir no tiene lagunas. Hay una continuidad externa y otra interna, la externa no existe en lo psíquico, pues el sueño interrumpe el proceso de la conciencia. El yo es quien garantiza la coherencia.

La unidad en la simultaniedad.

Simultáneamente puede existir en un individuo una pluralidad de procesos psíquicos. Todos estos datos psíquicos están ligados en una unidad, y esta unidad tiene su fundamento en el yo.

La figuralidad.

Se ha visto que lo psíquico de un individuo, no forma una suma de partes incoherentes, ni una suma de partes coherentes, sino que forma una unidad por obra del yo.

Además esto psíquico tampoco está meramente en la unidad del yo. Forma una unidad de grado superior. Es una nueva totalidad a la cual se le da el nombre de figura o estructura.

*Comentario*

Consúltese para el concepto de corriente de conciencia James "Principios de Psicología". Para el estudio sobre los caracteres de la conciencia Theodor Ziehen: "Fundamentos de la Psicología"; Edmund Husserl: "Investigaciones Lógicas" Paul Natorp: "Psicología General".

El concepto de figuralidad es completamente nuevo y corresponde a la teoría de las estructuras, ampliamente estudiada por Kurt Koffka "Principios de psicología de las estructuras"; George Elias Mueller "Teoría de los Complejos y Teoría de las Estructudras" y Max Wertheimer: "Investigaciones sobre la Enseñanza de la Teoría de las Estructuras en la Psicología".

Esta doctrina siempre lleva al estudio de las totalidades, empezando desde las más primarias hasta las más complejas. Estas totalidades son elementos que salen fuera de la unidad del yo y constituyen elementos superiores.

# B. Diferencias entre lo Psíquico y lo Físico

La diferencia entre lo psíquico y lo físico es de vital importancia. En primer término debe señalarse el carácter de figuralidad de lo psíquico, y en segundo término el de intencionalidad, de intendio, es decir dirección. Todo acto psíquico siempre se elabora en estructura o figura, y está dirigido a algo.

La posición respecto al yo.

Hay diferencia entre lo psíquico y lo físico si se ve en lo que respecta al yo.

Lo físico es experimentable por cualquier número de yos; lo psíquico nunca es experimentable sino por un yo. Todo lo psíquico pertenece a un yo.

Todo lo físico es perteneciente a una cosa.

La inespacialidad de lo psíquico

Lo físico es espacial, lo psíquico es inespacial.

En lo físico se aprecia la extensión y la localización. Para aclarar:

1. Lo psíquico es inextenso. Hay que distinguir que el fenómeno fisiológico si es extenso, pero la sensación no es extensa.
2. Lo psíquico no está localizado. Se localiza la face fisiológica.

*Comentario*

A pesar de esta doctrina de Mueller existe una corriente marcada en el sentido de establecer en la corteza cerebral determinadas actividades psíquicas. En las anatomías más conocidas como la de Testut, en el capítulo del sistema nervioso y en especial del cerebro, se distinguen regiones de localización de fenómenos psíquicos. Así también el intento de la Frenología tuvo esa misma base. Sin embargo, una corriente ciéntifica más seria, la Endocrinología trata de radicar las funciones fundamentales del yo profundo en el funcionamiento fisiológico de las glándulas indócrinas.

La psicología objetiva como la Reflexología psíquicas. Consúltese tratados de Endocrinología y las obras de Pavlof sobre los reflejos condicionados.

Falta de las propiedades fundamentales de la materia en lo psíquico

Juntamente con la inespacialidad de lo psíquico hay también la carencia de las propiedades fundamentales de la materia. Lo psíquico no presenta ninguna clase de propiedades electro magnéticas. Le falta la masa, la impenetrabilidad, la gravitación.

Diferencias falsamente aducidas.

Se dice que la materia es persistene e invariable mientras que lo psíquico no lo es. Según la Física actual no hay elementos persistenes e invariables en el Universo, sino que estos elementos son sólo formas en el campo electromagnético, como las ondas de agua, formas en el agua. Lo variable y lo impercistente si corresponde a lo psíquico.

### Dualidad de capas de lo psíquico.

Lo físico solo es un proceso, en lo psíquico hay procesos pero, además estos procesos pueden ser concientes, es decir aprehendidos concientemente. El yo es una vivencia psíquica, pero puede ser objeto de una aprehensión conciencial.

*Comentario*

Consúltese la Historia de la conciencia. En la obra de Francisco Brentano "Psicología" se hace una diferenciación más profunda entre lo psíquico y lo físico. Sólo bosquejaremos algunas de estas diferencias:

Brentano menciona en primer término ejemplos de fenómenos psíquicos señalando:

1) Toda representación, mediante sensación o fantasía, ofrece un ejemplo de fenómenos psíquico; entendiendo a que por representación, no lo que es representado, sino el acto de representar.
2) También todo juicio, todo recuerdo, toda espectación, toda conclusión, toda convicción u opinión, toda duda, es un fenómeno psíquico.
3) Es también fenómeno psíquico todo movimiento del ánimo, alegría, tristeza, miedo, esperanza, valor, cobardía, cólera, amor, odio, apetito, volición, intento, asombro, admiración, desprecio etc.

Además Brentano indica como caracteres fundamentales de lo psíquico:

1) "Por lo cual podemos considerar como una definición indudablemente justa, de los fenómenos psíquicos, la de que, o son representaciones, o descansan sobre representaciones que les sirven de fundamento".

   "Apenas necesitamos advertir que una vez más entendemos por representación, no lo representado, sino el acto de representarlo".

2)  En segundo lugar, una definición unitaria indica:

"Todos los fenómenos psíquicos, se ha dicho, tienen extensión y una determinación local, ya sean fenómenos de la vista o de otro sentido, ya sean producto de la fantasía que nos representa objetos semejantes. Lo contrario se añade, pasa con los fenómenos psíquicos; pensar, querer, etc, aparecen desprovistos de extensión y sin situación en el espacio".

Se puede invocar a Descartes, Spinoza y Kant. Lo propio hace Alejandro Bain.

Algunos autores consideran falsa la definición porque muchos de los fenómenos físicos aparecen sin extensión. Así encontramos las tesis de Berkeley sobre los colores; de Platner sobre los fenómenos del tacto, Hartley, Brawn Mill y Spencer sobre los fenómenos de todos los sentidos externos. Se hace una confusión entre la sensación y el fenómenos físico.

Otros rechazan la misma idea indicando que ciertos fenómenos psíquicos se revelan extensos. Aristóteles fue de esta opinión, algunos autores modernos también lo hacen.

3.  En tercer lugar, se puede mencionar con un carácter afirmativo la diferencia entre lo psíquico y lo físico. Se encuentra entre los escolásticos de la Edad Media la idea de la inexistencia (entendiendo aquí la existencia en intencional o mental) de un objeto. Es decir existencia en la dirección de un objeto.

La referencia a un contenido, la dirección hacia un objeto o en términos amplios, la objetividad inmanente.

Todo fenómeno psíquico contiene en sí algo como su objeto. En la representación hay algo representado, en el juicio hay algo admitido o rechazado; en el amor, amado; en el odio, odiado; en el apetito, apetecido, etc.

Aristóteles ha hablado de esta inherencia psíquica. En su libro "Sobre el Alma" dice que lo sentido en cuanto sentido, está en quien siente; el sentido aprehende lo sentido, sin la materia; lo pensado está en el intelecto pensante.

En Filón encontramos igualmente la doctrina de la existencia e inexistencia mental pero confunde ésta con la existencia, en su sentido propio llegando a su contradictoria doctrina.

# RELACION QUE DEBE EXISTIR ENTRE EL TRABAJO DEL INTELECTUAL Y LAS LABORES DE LOS SINDICATOS OBREROS.

COMPAÑEROS:

Invitados por este honorable Sindicato para disertar sobre uno de los puntos más difíciles, como es la relación que debe existir entre el trabajo del intelectual y las labores de los sindicatos obreros, he tenido la satisfacción de venir a exponer ideas, y esta satisfacción indudablemente me llena de regocijo porque uno de los sindicatos que más se ha distinguido por su labor en bien del obrero es propiamente éste.

Accidentalmente he llegado en el momento en que una colectividad se fija en una persona, en que el individualismo a veces domina de tal manera, que algunos conceptos fundamentales, algunas labores perfectamente útiles, son segregadas. Pero creo, sin meterme en esto en detalles especiales, que la enseñanza que se puede sacar de estos asuntos es enorme, y que ello conduce indudablemente a una labor efectiva.

Abordando el tema con pocas palabras, estimo que es necesario venir aquí a hablares sencillamente. No vengo a exponer doctrinas, sistemas de filosofía más o menos alambicados, complicados o superiores para que se ilustre este honorable conjunto. No es mi intento. Vengo a hablar sencillamente de los problemas que estamos viviendo en México; de la realidad que nos está azotando; de la existencia propia de México en todos sus aspectos. El intelectual, el obrero y el campesino. Hace un instante veía un emblema allí, un emblema que sintetizaba las tres labores fundamentales: las del campo, las del taller y las de la inteligencia, y perfectamente unidas, armonizadas en el fondo de su existencia traían a mi mente una realidad que desagraciadamente no existe en México.

Las universidades en general, sin hablar y en especial de la México. Padecen en este momento una crisis enorme. La crisis consiste en esto: en que los elementos intelectuales están desvinculados de la realidad. La realidad ha seguido su curso, tal vez un curso dialéctico como dijera Carlos Marx, pero las universidades han seguido otro, completamente distinto.

Tal parece que aquí, las deducciones y las inducciones se hacen a la manera de Aristóteles, y que el mundo camina a la manera como lo establecieran Hegel, Feuerbach y Marx. El mundo actual presenta una disparidad en las objetividades de los individuos intelectuales y de los individuos activos, en el campo del trabajo intelectual y del trabajo industrial o del campo. Esta disparidad es la que debemos explicar en este momento.

Es cierto que constantemente se dice que las universidades deben estar al alcance del pueblo: que las universidades deben bajar al pueblo, o bien se dice que el pueblo debe subir a las universidades. Las dos posiciones han sido sostenidas en todos los campos.

La primera posición de que la universidad y la escuela superior bajen al pueblo, ha sido objetada por aquellos que creen que el conocimiento es superior y éste no puede ser absorbido por las clases populares; la segunda posición, aquella que consiste en pretender acercar a las clases populares a las universidades, ha sido también objetada por aquellos que creen que las labores universitarias y de alta cultura deben recluirse, alejarse de las labores primordiales, y que es fundamental para aquéllas, ver el mundo, el aspecto totalitario del universo, de una manera completamente desinteresada y sin ese sentido práctico que indudablemente tiene reservada en toda obra y toda relación.

Pero las dos posiciones son falsas, no tienen efectividad en este momento por una razón fundamental. La razón es ésta: los estudios superiores y la elaboración del intelectual están completamente alejados de la realidad.

La realidad exige otra cosa, mientras el intelectual está pensando en algo completamente distinto. Cuando las dos clases son absolutamente desiguales, cuando no tiene un mismo fin, una tiende a la especulación y otra al trabajo, cuando una tiende al silogismo o al sofisma y el otro a la actividad de crear una manifestación objetiva para el pueblo, entonces no pueden de ninguna manera entenderse. No es posible sustentar en este instante la tesis de que la universidad se acerque al pueblo o el pueblo a la universidad, porque ambas tesis están absolutamente en desacuerdo y completamente alejadas.

Por qué es eso? ¿Cuál es la razón fundamental de esa disparidad? Al hablar del problema no lo hago exclusivamente de México, lo hago de todo el mundo, refiriéndome a la universidad de Bonn como a la de México, en general a todas las universidades que sustentan una cultura superior.

Creo que leyendo una de las partes esenciales de la obra de Marx nos encontramos algo que nos puede traducir claramente el pensamiento, el problema que en este momento nos proponemos. Carlos Marx dice: los filósofos –dijéramos nosotros los intelectuales- siempre han tratado de interpretar al mundo, pero es el tiempo que ya no es necesario interpretar al mundo, sino sencillamente transformarlo. Hay aquí una aseveración de gran interés, siempre se ha tratado de interpretar al mundo, pero lo fundamental es transformarlo, y quienes lo están transformando son las clases obreras y campesinas, y quienes lo están interpretando son propiamente las clases intelectuales.

Esta es propiamente la disparidad que tenemos en este momento: mientras unos quieren contemplar al universo y al hombre y tratan de la esencia del mismo a través de todas las doctrinas que puedan existir, mientras nos contemplan los movimientos sociales como espectáculo de teatro, se anegan a las investigaciones más abstractas para desarrollar y para interpretar los desarrollos armónicos y muchas veces contradictorios de la Sociología; los otros, los obreros y campesinos, los que llevan la praxis como elemento fundamental, están viviendo la historia, están creándola con el sentimiento que impulsa y que imprime propiamente la contradicción, aquella estupenda contradicción de la vida señalada en la tesis; en la antítesis y en la síntesis.

Estos dos mundos están separados. Se ha dicho constantemente que el intelectual se anega especialmente en lucubraciones, trata de engolfarse, está en una torre de cristal, y se ha dicho esto de una manera cierta y cabal. Realmente los dos sectores están completamente alejados, que es lo que pasa en México y que es lo que pasa en las universidades extranjeras como ya todos los grandes universitarios y profesores eminentes lo han palpado.

El universitario, o en general el intelectual, ha perdido el sentido de la historia. Tal vez se me ocurre una mención que no corresponda a un filósofo materialista, sino a uno de los románticos: Novalis cuando dice: los hombres hemos perdido el sentido de la historia y nos hemos quedado con las palabras. Pero no es que todos los hombres en general se hayan quedado con las palabras y hayan perdido el sentido de la humanidad; es que la mayor parte de los intelectuales han hecho eso, es que ellos, reflejándose en las doctrinas más vastas que la colectividad intelectual y filosófica pueden entregar, han alejado toda su tesis de la vida, del espectáculo, tal vez cruel, pero eminentemente más sabio de la realidad social.

Ahora, compañeros, ya presentando el panorama creo que es imposible afirmar que las escuelas superiores, las universidades y los muchos intelectuales se acerquen al pueblo, a la clase laborante, o que la clase laborante se acerque a los intelectuales.

Tal cabría, señores, apoyar esta tesis: el que afirma, el que sostiene la praxis, el que está creando la historia, el que hace la historia, el que la está viviendo la ingratitud de la historia y la afirmación de la historia debe internarse en el campo de especulación desinteresada; debe estar ahí con el platonismo espiritual, tal como lo estableciera aquel insigne filósofo, y estar ahí contemplando el mundo sin los imperativos que le da la vida real, sin las exigencias que le imponen indudablemente los sacrificios de la humanidad y es imposible esta situación. Como también es imposible llevar a la clase intelectual, a las masas obreras, cuando esta clase intelectual ha vivido y sigue viviendo en el campo exclusivo de la especulación, de la interpretación de la vida y del universo.

Tomando en cuenta este tema general abordamos un poco más, compañeros. La tesis está fundada: la disparidad es evidente, y es evidente cuando nosotros contemplamos en determinadas épocas que los institutos superiores se alejan considerablemente de la realidad. La tesis la podemos comprobar cuando observamos que las carreras, las llamadas carreras liberales, se alejan cada día más y más de ese objetivo fundamental del mundo contemporáneo.

La tesis está afirmada cuando todavía se sueña en una realización artística alejada completamente de una finalidad social, cuando todavía la tesis moral se afirma en un "debe ser" abstracto, cuando todavía el Derecho se cree que está constreñido al articulado de un Código o de un Reglamento. Es propiamente entonces cuando el intelectual no puede de ninguna manera acercarse a la actividad del obrero o del campesino, y cuando el campesino y el obrero no pueden de ninguna manera desplazarse de su propia actividad.

Ahora bien, cuál es, dijéramos, frente a este caos y frente a esta agitación verdaderamente alarmante, cuál es el límite, cuál es aquello porque debemos propugnar para que la solución sea efectiva. La única solución que debe venir y la que he asentado desde que era yo profesor de la Universidad, siempre ha sido esta: la realización de una intelectualidad que se haga práctica-social, de una contemplación que deje su puesto a la lucha por el bienestar del trabajador y, aprovechando los elementos racionales eminentemente superiores, venga propiamente a afirmarlos en la realidad social. Este es el único camino.

El obrero y el campesino en todo el mundo han seguido a veces a ciegas, empíricamente, intuitivamente, pero siempre de una manera sincera y certera el camino que les han señalado la miseria y el anhelo de superación, y el mundo actual sigue los pasos que los sindicatos, las agrupaciones obreras y campesinas le han señalado.

Cuántas veces vemos como un Presidente de la República, de tendencia afirmativamente revolucionaria de una manera intuitiva, tal vez sin los conocimientos suficientes de un estadista, un jurisconsulto o un economista sociólogo, señala aspectos verdaderamente interesantes en la vida de un país con el amparo de doctrinas completamente avanzadas que hacen retroceder, y que siempre hacen blasfemar a la clase derechista.

Me refiero, por ejemplo, a un caso particular: la ley de asociación de producción, ley que se acaba de expedir hace unos cuantos días y que ha sido objeto de los ataques más burdos y más enconados de parte de los derechas. ¿Y cuál es la razón de ello? La razón fundamental es que siempre las clases del sector se han opuesto a toda socialización de la propiedad.

La propiedad tuvo aspecto socializante cuando se le señaló al latifundio su desaparición; la propiedad tuvo también aspecto socializante con las leyes de Reforma, con los preceptos del actual Código Civil modificando claramente la posesión y la propiedad. La propiedad tuvo aspecto socializante cuando se dieron las leyes del petróleo, y se han dado sucesivamente aspectos nuevos a la propiedad urbana y rural. Pero el papel más interesante de la socialización de la propiedad advierte en este instante cuando se trata de socializar la propiedad de los medios de producción y aún de la producción misma. Esos dos pasos decisivos modificarán la economía nuestra, eminentemente liberal e individualista, para transformarnos y llevarnos a una economía dirigida.

Estos dos pasos han sido señalados en nuestras últimas épocas: por un lado la socialización de los medios de producción; la confiscación, dijéramos en otra forma, la expropiación por causa de utilidad pública de las Fuentes y de los medios de producción, ya se refiera a las grandes empresas capitalistas extranjeras o mexicanas; y en segundo término, la propia expropiación, (no de una manera tan definitivamente pero si ya señalada) de la producción misma: el control de la producción y distribución de todos los productores tanto industriales como agrícolas. Y es claro, la clase capitalista no puede tolerar, no es posible que tolere la actividad de esta socialización que llega a su último límite y frente a esta actividad y a esta determinación de un Ejecutivo que ordena y establece esta nueva teoría, las clases laborantes, trabajadoras y campesinas, han tomado definitivamente su posición, han afirmado propiamente ese sentido, mientras las clases que piensan y olvidan la vida argumentan de manera sofística, afirman la explotación del trabajador y consumidor, se han quedado en el campo contrario y han venido al ataque directo de las reformas capitales.

¿Frente a esto qué ha hecho el elemento intelectual? Desgraciadamente el elemento intelectual de la derecha ha manifestado actividad enorme en el pensamiento de tipo claudicante y siempre conservado; ha manifestado su argumentación sofística a través de las columnas periodísticas, para destruir esas nuevas tendencias que en este momento se trata de implantar en México; mientras en las clases de la izquierda el fenómeno ha sido distinto, las clases laborantes han afirmado, pero las clases intelectuales izquierdistas han callado en este intento indudablemente regenerador de la vida de México.

Esta es propiamente la posición que tenemos; esta es, camaradas, la situación que nosotros debemos ver con toda claridad: la transformación, el acercamiento de aquellos elementos intelectuales, pero acercamiento transformándose, no conservando sus propias maneras de ser.

Nunca un intelectual que está embriagado en la contemplación podrá ser útil a la clase laborante; jamás podrá ser útil un intelectual que esté todavía platonizando y creyendo que la abstracción que contempla es una realidad efectiva; es propiamente un ente que obra por los espacios; jamás podemos nosotros creer que un intelectual que razona sofísticamente, que cree que todo su valor está en un argumentación incierta y de codiguero pueda propiamente establecer una base sustancial para las clases laborantes. Las clases laborantes por eso desconfían de las clases intelectuales.

Tienen razón las clases trabajadoras porque quienes han creado la cultura, han sido las clases proletarias, pese a cualquiera argumentación idealista. Y es porque la inteligencia viene fundamentalmente de la vida, de la realidad praxista, de la manifestación del trabajo.

La cultura que ha tenido su fuente en una labor que ha ensangrentado a las clases laborantes, le ha costado miserias, sacrificios, la han tomado los intelectuales contemplativos y la han usurpado como vampiros para exclamar: "esto es de mi propiedad, es necesario decirle al pueblo que no la toque porque esto es mío y pertenece únicamente a mí; y encerrándose propiamente en un aspecto completamente egoísta y usurpador, han creído que la cultura es suya, y que las clases laborantes, que son las creadoras de la cultura, son incapaces y han sido incapaces y seguirán siendo incapaces para acercarse a esa fuente del saber y darse cuenta sencillamente del alcance del saber. Pero por ventura la clase trabajadora, empezando intuitivamente, de manera empírica e incierta, ha llegado en este momento a tener conciencia de sí misma y no cabe duda que su principio de responsabilidad lo conquista cada día más y más.

La afirmación de la clase laborante es más fuerte, en cada momento que transcurre, y si en un principio es de izquierda revolucionaria, en otro instante es de ordenamiento social. Va aumentando cada día y va señalando un nuevo derrotero a la colectividad. No le importa las objeciones idealistas que se le hagan, como no le importa que se niegue a la historia está manifestándose plenamente, que se diga que el hombre no existe, cuando el hombre está manifestándose con sus desgracias, sufrimientos, virtudes y felicidades.

Esta es propiamente la afirmación de la clase obrera, es la afirmación de la clase laborante, y el intelectual que quiera oírla debe percibir el clamor, pero el clamor que le dice: transforma tu contemplación para ser activo, transforma propiamente tu fin de un hombre que se embriaga con el placer y la duración de los demás, para sumarte a la desgracia y al placer de los demás.

El día en que el intelectual sienta palpitar en su pecho, el sentido profundo que guarda la transformación social en el campo y en la fábrica, y se compenetre en esas ansias, que indudablemente son sagradas, en ese momento el intelectual habrá dado un paso decisivo, y su ciencia no será ciencia contemplativa, de especulación hacia el más allá; su ciencia sencillamente será algo que esté cerca de aquello que él ha mucho tiempo había perdido.

Camaradas: el problema creo que debe resolverse así, pero resolverse así la transformación debe ser violenta, y debe ser exigida por la clase trabajadora. Debe ser exigida por esta clase, porque es la que ha dirigido en este momento los destinos del mundo.

Los hombres que como el que habla habíanse anegado en la contemplación en un principio, habían estado en el dominio de esa especulación sin trascendencia social investigaban si la "cosa en sí" existía o no, cuál era la reacción entre los seres posibles y entre los reales, si una argumentación tenía tales y tales defectos lógicos en el sentido más estricto, en la fórmula más exacta de la lógica aristotélica; han tenido que luchar valerosamente consigo mismos, con la "ídola" de que en un tiempo hablara Bacon.

Hombre que como el que habla han estado en esta situación, la transformación ha sido realmente de verdadero sacrificio, de renegación de sí mismo, de afirmación de un sentido nuevo o por oportunismo, sino sencillamente por un sentimiento hacia la colectividad que nació en nosotros de manera preponderante.

Es por esto que los que venimos, como en mi caso, a hablar a la clase trabajadora, los que también somos trabajadores, porque los intelectuales somos también trabajadores, los que estimamos que la base de una renovación social está sobre todo esto en la argumentación de una realización practica efectiva de la historia, los que actuamos así y hemos tenido que transformar mucho de nuestro ser, modificar muchas de nuestras apreciaciones y hemos tenido que ser el objetivo de muchos ataques, nos sentimos nuevos ante la vida social contemporánea y firmes en los propósitos de nuestra existencia.

Aquellos que han entrado con nosotros no por conveniencia, sino por un sentido interno, han sido también la afirmación más completa de una nueva actividad y de una nueva manifestación en el campo de la socialización.

La transformación de la clase intelectual, decía, debe ser exigida por el campo trabajador. Desgraciadamente la mayor parte de los intelectuales están extasiados en su posición contemplativa; plácidamente envueltos por ese feeling especial de la placidez, y el elemento trabajador debe exigirles, de manera efectiva, su justa y necesaria cooperación. También es cierto que el elemento trabajador ha tenido fracasos en este intento cuando no ha seguido el camino conveniente.

André Gide presenta un carácter específico en este instante: cuando la clase trabajadora creía que lo tenía, que lo poseía, el sentido más profundo de su ser, en ese momento el intelectual le ha vuelto la espalda y se ha ironizado esta actividad pobre en apariencia, pero inmensamente rica en existencialidad.

Por eso no es ahí donde debe estar propiamente la labor de transformación; la labor de transformación debe venir de la escuela desde las primeras bases, debe venir desde el kindergarten, debe venir de la escuela primaria, de la secundaria y de la universidad; debe venir propiamente de un conglomerado de ideas perfectamente prácticas y perfectamente ajustadas a un devenir dialéctico.

Desgraciadamente este ideal que se ha seguido en México ha tropezado con grandes dificultades, y esto, no por su manera intrínseca de ser, sino sencillamente porque la inmensa mayoría de los mentores de la niñez y de la juventud no han sufrido propiamente la transformación que debían sufrir los que, en este momento, estamos entregando en sus manos a los niños, a nuestros hijos, esperamos de ellos que sean los que modifiquen ese sentido verdaderamente interesante del infante; vemos que están traicionando propiamente a nuestra clase laborante. En su mayoría incapaces para comprender el sentido profundo que guarda la dialéctica, incapaces de comprender el sentido profundo que guarda la socialización, están mintiéndonos porque mintiéndonos es cuando se conservan esos lugares únicamente por conservar puesto o canongías, aun cuando en manera íntima de ser, contradigan sus falsas posturas doctrinarias.

Nosotros, y ustedes; las clases laborantes materiales, trabajadores intelectuales, compenetrados de una nueva situación, debemos exigir que esto sea una realidad; que la transformación venga de una manera efectiva y profundamente sentida en todos los campos sociales y en todas las formulaciones legislativas.

Una de las más grandes transformaciones, ya sin referirme al campo de la educación primaria, de kindergarten y secundaria, es propiamente la transformación de las escuelas superiores. Éstas están trabajando, sin excepción, bajo los tipos de profesiones exactamente liberales, y las profesiones exactamente liberales tuvieron su razón de ser en el siglo pasado.

La profesión de abogado que estudia e investiga actualmente la Economía, la Sociología, el Derecho Civil, Penal, Internacional, Obrero, Mercantil, etc., es muy interesante pero no satisface las exigencias del momento. No es porque se ataque a todas las carreras liberales con prejuicios; es porque debemos ver la realidad de una manera palpable.

¿Qué es lo que exige el mundo en este momento? El mundo exige especialistas perfectamente conscientes de su labor, y desgraciadamente las universidades dan los títulos en una forma global, de tal manera que incluyen en el sentido más amplio actividades completamente heterogéneas. Sabemos que estas actividades seleccionadas por las profesiones liberales dan un conocimiento muy amplio, enciclopédico, pero no fundamental, para la vida actual que exige la especialización; no la especialización de hacer nada más las puntas de una aguja, sino la especialización de, por ejemplo, conocer un Derecho Penal con toda la amplitud y satisfacer las exigencias de la criminalidad en nuestro medio social; ser docto en Derecho Internacional para resolver problemas que en este momento se debaten y son la médula de las relaciones entre los pueblos; de la colonización en ingeniería, de médico en los medios rurales.

Este punto, pues, de la transformación de las profesiones, es algo interesante, camaradas; es algo fundamental. Mientras no tengamos las profesiones ajustadas a la realidad, no podemos, de ninguna manera, esperar que los intelectuales tomen una participación efectiva con elementos obreros y campesinos, por eso he creído que la reglamentación del Artículo Cuarto Constitucional es en este momento imposible y es imposible, porque se exige antes que nada la creación de profesiones aptas para las diversas necesidades y exigencias del país.

Ahora, tocando propiamente el punto, que me ha traído, diré, camaradas: el problema está en manos de la clase obrera y campesina, y el problema está para hacer patente a la mayoría de los intelectuales, que su posición es otra, que deben aceptar la realidad aunque sea ésta pobre y contradictoria y que por ser contradictoria y pobre, por ser flagelante y ser misérrima es efectiva y tiene todo el valor que debe tener, el elemento trabajador es el que debe exigir la transformación del Estado, la transformación de universidades, la transformación de la enseñanza y la educación, la transformación, en general, de todo organismo estatal y social. ¿Para qué? Para descartar la vida contemplativa, y abordar los problemas de alta trascendencia histórica que tenemos la fortuna vivir.

Camaradas: creo que el problema lo he planteado y lo he resuelto en el sentido de acercamiento de una clase a otra; pero siempre que la clase intelectual sufra la debida transformación. La dificultad del problema está en la disparidad de las dos clases, está fundamentalmente en esa sentencia máxima de Carlos Marx: los intelectuales y los filósofos siempre han interpretado el mundo, pero el mundo actual esa posición, exige que los intelectuales y los filósofos en íntima relación con el obrero y el campesino, trasformen el mundo.

# BIOGRAFÍA DEL DR. ADALBERTO GARCÍA DE MENDOZA

El Dr. Adalberto García de Mendoza, reconocido como "El Padre del Neokantismo Mexicano". Fue profesor erudito de filosofía y Música en la Universidad Nacional Autónoma de México por más de treinta y cinco años. Recibió el primer premio internacional de Filosofía Oriental convocado por las Universidades Japonesas, cuyo galardón le fue entregado en Japón por su Alteza Imperial el Príncipe Takamatsu, hermano del Emperador de Japón. Escribió aproximadamente setenta y cinco obras de filosofía (existencialismo, lógica, fenomenología, epistemología) y música. También escribió obras de teatro, obras literarias e innumerables ensayos, artículos y conferencias.

Nació en Pachuca, Hidalgo el 27 de marzo de 1900. En 1918 recibe una beca del Gobierno Mexicano para estudiar en Leipzig, Alemania donde toma cursos lectivos de piano y composición triunfando en un concurso internacional de improvisación.

Regresó a México en el año 1926, después de haber vivido en Alemania siete años estudiando en las Universidades de Leipsig, Heidelberg, Hamburg, Frankfurt, Freiburg, Cologne, y Marburg. Ahí siguió cursos con Rickert, Cassirer, Husserl, Scheler, Natorp y Heidegger, de modo que su formación Filosófica se hizo en contacto con la fenomenología, el neokantismo, el existencialismo y la axiología, doctrinas filosóficas que por entonces eran desconocidas en México.

Al año siguiente de su llegada en 1927, inició un curso de lógica en la Escuela Nacional Preparatoria y otros de metafísica, epistemología analítica y fenomenología en la Facultad de Filosofía y Letras. En estos cursos se introdujeron en la Universidad Nacional Autónoma de México las nuevas direcciones de la filosofía alemana, siendo el primero en enseñar en México el neokantismo de Baden y Marburgo, la fenomenología de Husserl y el existencialismo de Heidegger.

En 1929 recibió el título de Maestro en Filosofía y más tarde en 1936 obtuvo el título de Doctor en Filosofía. También terminó su carrera de ingeniero y mas tarde terminó su carrera de Licenciado en Derecho en la Universidad Nacional Autónoma de México. Ingresó al Conservatorio Nacional de Música de México donde rivalizó sus estudios hechos en Alemania y recibe en 1940 el título de Maestro de Música Pianista.

En 1929 el Dr. García de Mendoza hizo una gira cultural al Japón, representando a la Universidad Nacional Autónoma de México. Dio una serie de conferencias en la Universidad Imperial de Tokio y las Universidades de Kioto, Osaka, Nagoya, Yamada, Nikko, Nara Meiji y Keio. En 1933 la Universidad de Nuevo León lo invita para impartir 30 conferencias sobre fenomenología.

De 1938 a 1943 fue Director del Conservatorio Nacional de Música en México. Aquí mismo impartió clases de Estética Musical y Pedagogía Musicales.

En 1940 la Kokusai Bunka Shinkokai, en conmemoración a la Vigésima Sexta Centuria del Imperio Nipón, convocó un concurso Internacional de Filosofía, donde el Dr. García de Mendoza obtuvo el primer premio internacional con su libro "Visiones de Oriente." Es una obra inspirada en conceptos filosóficos Orientales. Recibió dicho premio personalmente en Japón en el año de 1954 por el Príncipe Takamatzu, hermano del Emperador del Japón.

Desde 1946 hasta 1963 fue catedrático de la Escuela Nacional Preparatoria (No 1, 2 y 6) dando clases de filosofía, lógica y cultura musical. También desde 1950 hasta 1963 fue catedrático en la Facultad de Filosofía y Letras y la Facultad de Ciencias Políticas de la UNAM dando clases de metafísica, didáctica de la filosofía, metafísica y epistemología analítica. También dio las clases de filosofía de la música y filosofía de la religión, siendo el fundador e iniciador de estas clases.

Desde 1945 a 1953 fue comentarista musicólogo por la Radio KELA en su programa "Horizontes Musicales." En estos mismos años dio una serie de conferencias sobre temas filosóficos y culturales intituladas: "Por el Mundo de la Filosofía." y "Por el Mundo de la Cultura" en la Radio Universidad, Radio Gobernación y la XELA.

Desde 1948 a 1963 fue inspector de los programas de matemáticas en las secundarias particulares incorporadas a la Secretaría de Educación Pública. En estos mismos años también fue inspector de los programas de cultura musical, filosofía, lógica, ética y filología en las preparatorias particulares incorporadas a la Universidad Nacional Autónoma de México.

Además fue Presidente de la Sección de Filosofía y Matemáticas del Ateneo de Ciencias y Artes de México. Fue miembro del Colegio de Doctores de la UNAM; de la Comisión Nacional de Cooperación Intelectual Mexicana; de la Asociación de Artistas y Escritores Latinoamericanos; del Ateneo Musical Mexicano; de la Tribuna de México; del Consejo Técnico de la Escuela Nacional Preparatoria de la UNAM y de la Liga de Escritores y Artistas Revolucionarios (LEAR).

Fue un ágil traductor del alemán, inglés y francés. Conocía además el latín y el griego. Hizo varias traducciones filosóficas del inglés, francés y alemán al español.

En 1962 recibió un diploma otorgado por la UNAM al cumplir 35 años como catedrático.

Falleció el 27 de septiembre de 1963 en la Ciudad de México.

**TRATADO DE LÓGICA: SIGNIFICACIONES (PRIMERA PARTE)**
Obra que sirvió de texto en la UNAM donde se introdujo el
Neokantismo, la Fenomenología, y el Existencialismo. 1932.
Edición agotada.

**TRATADO DE LÓGICA: ESENCIAS-JUICIO-CONCEPTO (SEGUNDA PARTE)**
Texto en la UNAM. 1932.
Edición agotada.

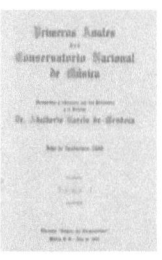

**ANALES DEL CONSERVATORIO NACIONAL DE MÚSICA (VOLUMEN 1)**
Clases y programas del Conservatorio
Nacional de Música de México. 1941.
Edición agotada.

## LIBROS A LA VENTA

**FILOSOFÍA MODERNA HUSSERL, SCHELLER, HEIDEGER**
Conferencias en la Universidad Autónoma de Nuevo Leon.
Se expone la filosofía alemana contemporánea a través de estos tres
fenomenólogos alemanes. 1933.
Editorial Jitanjáfora 2004.
redutac@hotmail.com

**VISIONES DE ORIENTE**
Obra inspirada en conceptos filosóficos Orientales. En 1930
este libro recibe el Primer Premio Internacional de Filosofía.
Editorial Jitanjáfora 2007.
redutac@hotmail.com

CONFERENCIAS DE JAPÓN
Confencias sustentadas en la Universidad Imperial de Tokio
y diferentes Universidades de México y Japón. 1931-1934.
Editorial Jitanjáforea 2009.
redutac@hotmail.com

EL SENTIDO HUMANISTA EN LA OBRA DE JUAN SEBASTIAN BACH
Reflexiones Filosoficas sobre la vida y la obra
de Juan Sebastian Bach. 1938.
Editorial García de Mendoza 2008.
www.adalbertogarciademendoza.com

JUAN SEBASTIAN BACH
UN EJEMPLO DE VIRTUD
Escrito en el segundo centenario de la muerte de Juan Sebastian Bach
inpirado en "La pequeña cronica de Ana Magdalena Bach." 1950.
Editorial García de Mendoza 2008.
www.adalbertogarciademendoza.com

EL EXCOLEGIO NOVICIADO DE TEPOTZOTLÁN
ACTUAL MUSEO NACIONAL DEL VIRREINATO
Disertación filosófica sobre las capillas, retablos
y cuadros del templo de San Francisco Javier en 1936.
Editorial García de Mendoza 2010.
www.adalbertogarciademendoza.com

LAS SIETE ULTIMAS PALABRAS DE JESÚS
COMENTARIOS A LA OBRA DE JOSEF HAYDN
Disertación filosófica sobre la musíca, la pintura,
la literatura y la escúltura. 1945.
Editorial García de Mendoza 2011.
www.adalbertogarciademendoza.com

**LA TEORÍA DE LA RELATIVIDAD DE EINSTEIN**
Einstein unifica en una sola formula todas las fuerzas de la Física.
Y afirma que el mundo necesita la paz y con ella se conseguirá la
prósperida de la cultura y de su bienestar. 1936.
Editorial Palibrio 2012.
Ventas@palibrio.com

**LA FILOSOFÍA JUDAICA DE MAIMÓNIDES**
Bosquejo de la ética de Maimónides sobre el problema de la
libertad humana y la afirmación del humanismo, las dos más fuertes
argumentaciones sobre la existencia. 1938.
Editorial Palibrio 2012.
Ventas@palibrio.com

**JOHANN WOLFGANG VON GOETHE**
Obra escrita en el Segundo centenario del nacimiento de Johann
Wolfgang Goethe, genio múltiple que supo llegar a las profundidades
de la Filosofía, de la Poesía y de las Ciencia. 1949.
Editorial Palibrio 2012.
Ventas@Palibrio.com

**LAS SIETE ULTIMAS PALABRAS DE JESÚS**
**COMENTARIOS A LA OBRA DE JOSEF HAYDN. SEGUNDA EDICIÓN**
Disertación filosófica sobre la música, la pintura,
la literatura y la escúltura. 1945.
Editorial Palibrio 2012.
Ventas@Palibrio.com

**BOOZ O LA LIBERACIÓN DE LA HUMANIDAD**
Novela filosófica inspirada en "La Divina Comedia" de Dante. 1947.
Editorial Palibrio 2012.
Ventas@Palibrio.com

**RAINER MARIA RILKE EL POETA DE LA VIDA MONÁSTICA**
Semblanza e interpretación de la primera parte del "Libro de las Horas"
"Das Buch von Mönchischen Leben" de Rilke
llamado "Libro de la Vida Monástica." 1951.
Editorial Palibrio 2012.
Ventas @Palibrio.com

**HORIZONTELS MUSICALES**
Comentarios sobre las más bellas obras musicales. Dichos comentarios fueron
transmitidos por la Radio Difusora Metropolitana XELA de la Ciudad de
México entre los años 1945 y 1953 en su programa "Horizontes Musicales"
1943
Editorial Palibrio 2012
Ventas@Palibrio.com

**JUAN SEBASTIAN BACH**
**UN EJEMPLO DE VIRTUD. 3RA EDICIÓN.**
Incluye El Sentido Humanista en la Obra de Juan Sebastian Bach. 1950.
Editorial Palibrio 2012.
Ventas@Palibrio.com

**ACUARELAS MUSICALES**
Incluye: El Anillo del Nibelungo de Ricardo Wagner. 1938.
Editorial Palibrio 2012.
Ventas@Palibrio.com

**LA DIRECCIÓN RACIONALISTA ONTOLÓGICA EN LA EPISTEMOLOGÍA**
Tesis profesional para el Doctorado en Filosofía presentada en el año 1928.
Facultad de Filosofía y Letras de la Universidad Nacional Autónoma de
México. Presenta las tres clases de conocimientos en cada época cultural. El
empírico, que corresponde al saber del dominio, el especulativo que tiene por
base el pensamiento, y el intuitivo ,que sirve para dar bases sólidas de verdades
absolutas a todos los campos del saber. 1928.
Editorial Palibrio 2012.
Ventas@Palibrio.com

### EL EXISTENCIALISMO
En kierkegaard, Dilthey, Heidegger y Sartre.
Programa: "Por el mundo de la cultura." Una nueva concepcion de la vida.
Serie de pláticas transmitidas por la Estación Radio México
sobre el Existencialismo. 1948.
Editorial Palibrio 2012.
Ventas@Palibrio.com

### FUNDAMENTOS FILOSÓFICOS DE LA LÓGICA DIALÉCTICA
Toda verdadera filosofía debe ser realizable en la existencia humana. Filosofía
de la Vida. En estas palabras está el anhelo más profundo de renovación de
nuestra manera de pensar, intuir y vivir. 1937.
Editorial Palibrio 2012.
Ventas@Palibrio.com

### EKANIZHTA
La humanidad debe realizarse a través de la existencia. Existencia que
intuye los maravillosos campos de la vida y las perennes lejanías del espíritu.
Existencia llena de angustia ante la vida, pletórica de preocupación ante el
mundo... Existencia radiante de belleza en la creación de lo viviente y en la
floración de lo eterno. 1936.
Editorial Palibrio 2012.
Ventas@Palibrio.com

### CONCIERTOS. ORQUESTA SINFÓNICA DE LA UNIVERSIDAD NACIONAL AUTÓNOMA DE MÉXICO
Henos aquí nuevamente invitados a un Simposio de belleza en donde hemos
de deleitarnos con el arte profundamente humano de Beethoven, trágico de
Wagner, simbólico de Stravinsky, lleno de colorido de Rimsky-Korsakoff,
sugerente de Ravel y demás modernistas. 1949.
Editorial Palibrio 2012.
Ventas@Palibrio.com

### NUEVOS PRINCIPIOS DE LÓGICA Y EPISTEMOLOGÍA
### NUEVOS ASPECTOS DE LA FILOSOFÍA
Conferencias sustentadas en la Universidad Imperial de Tokio y diferentes
Universidades de Japón y México presentadas entre los años 1931 y
1934, donde se exponen los conceptos filosóficos del existencialismo, el
neokantismo, la fenomenología y la axiología, filosofía alemana desconocida
en México en aquella época.
Editorial Palibrio 2013
Ventas@Palibrio.com

### Estética Libro I
#### La Dialéctica en el campo de la Estética Trilogías y Antitéticos
Esta obra tiene como propósito ilustrar el criterio del gusto, no solo para las obras llamadas clásicas, sino fundamentalmente para comprender los nuevos intentos del arte a través de la pintura y la música, así como también la literatura, la escultura y la arquitectura que imponen la necesidad de reflexionar sobre su aparente obscuridad o snobismo. 1943.
Editorial Palibrio 2013
Ventas@Palibrio.com

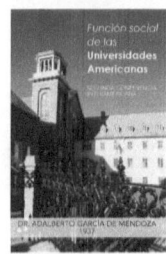

### El Oratorio, La Misa y El Poema Místico
#### La Música en el Tiempo
Pláticas sobre los ideales de la Edad Media con el Canto Gregoriano, el Renacimiento con el Mesías de Häendel, el Réquiem de Mozart, la Creación del Mundo de Haydn, el Parsifal de Wagner y la Canción de la tierra de Mahler. 1943.
Editorial Palibrio 2013
Ventas@Palibrio.com

### Función social de las Universidades Americanas
#### Segunda Conferencia Interamericana
Crear una cultura americana es un intento que debe fortalecerse con una actividad eficiente y es propiamente el momento propicio para lograr la unificación humana del proletariado sobre bases de dignidad y superación. 1937.
Editorial Palibrio 2013
Ventas@Palibrio.com

### La Evolución de la Lógica de 1910 a 1961
#### Reseña histórica de la Lógica
Los libros y las clases presentados por García de Mendoza entre los años 1929 y 1933 son de suma importancia ya que presentan nuevos horizontes en el campo de la Lógica y señalan claramente nuevos derroteros en el estudio de ella. 1961.
Editorial Palibrio 2013
Ventas@Palibrio.com

### Antología de Obras Musicales
#### Comentarios
Comentarios sobre las más bellas obras Clásicas Musicales. 1947.
Editorial Palibrio 2013
Ventas@Palibrio.com

MANUAL DE LÓGICA

PRIMER CUADERNO

Obra de suma importancia, que señala la urgente necesidad de emprender nuevos derroteros en el estudio de la Lógica. Descubre nuevos horizontes despertando gran interés por el estudio de esta disciplina. 1930.
Editorial Palibrio 2013
Ventas@Palibrio.com

FILOSOFIA DE LA RELIGIÓN

La Filosofía de la Religión trata de la existencia y de las cualidades de Dios, de su posición frente al mundo en general y al hombre especialmente y de las formas de la religión, desde los puntos de vista psicológico, epistemológico, metafísico e histórico. 1949.
Editorial Palibrio 2013
Ventas@Palibrio.com

POR EL MUNDO DE LA FILOSOFÍA

REFLEXIONES PERSONALES

Conferencias transmitidas por "Radio Universidad" sobre el neokantismo, la fenomenología y el existencialismo, filosofía alemana introducida en México por primera vez en el año de 1927 por el Dr. García de Mendoza. 1949.
Editorial Palibrio 2013
Ventas@Palibrio.com

FUENTE DE LOS VALORES Y LA SOCIOLOGIA DE LA CULTURA

Se establecen las relaciones entre la Ciencia y la Filosofía para darnos cuenta de lugar que debe ocupar la teoría de los valores y el lugar que le corresponde a la Sociología de la Cultura. 1938.
Editorial Palibrio 2013
Ventas@Palibrio.com

IDEAL DE LA PAZ POR EL CAMINO DE LA EDUCACIÓN

Reconocer la dignidad, la igualdad y el respeto a la persona humana es el pináculo de cultura que el mundo futuro exige. Toda la guerra ha sido un destrozo a este ideal; toda ella originada por la barbarie y la ambición, ha llevado al hombre a olvidar la dignidad humana, el respeto al ser humano, la igualdad de los hombres. 1946.
Editorial Palibrio 2014
Ventas@Palibrio.com

### LÓGICA

Libro de texto publicado en 1932 en la UNAM en donde se introdujo la Fenomenología por primera vez en México en 1929, siendo el autor el primer introductor y animador de la Filosofía Alemana en México, reconocido como "El Padre del Neokantismo Mexicano".
Editorial Palibrio 2014
Ventas@Palibrio.com

### SCHUMANN

#### EL ALBUM DE LA JUVENTUD

Schumann escribió este " Album de la Juventud" que es un conjunto de composiciones musicales de una inspiración sublime, inspiradas en poetas como Goethe, Byron, Richter y otros más.
Editorial Palibrio 2014
Ventas@Palibrio.com

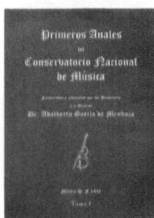

### PRIMEROS ANALES DEL CONSERVATORIO NACIONAL DE MÚSICA

En los "Anales del Conservatorio" se consignan todos los datos necesarios sobre la actividad artística del Conservatorio así como el reglamento y plan de Estudios, Programas de clases, Conferencias y Conciertos.
Editorial Palibrio 2014
Ventas@Palibrio.com

### ENCICLOPEDIA MUSICAL

En este libro encontramos un estudio detenido de los elementos de altura, duración, entonación, intensidad etc que nos dan la facilidad de comprender la belleza de la música y su sentido expresivo.
Editorial Palibrio 2015
Ventas@Palibrio.com

### MUSEO NACIONAL DEL VIRREINATO. TEPOTZOTLÁN

Disertación filosófica de las capillas, los altares y las pinturas del Templo de San Francisco Javier. Documento único y valioso del periodo virreinal de México. 1936.
Editorial Palibrio 2015
Ventas@Palibrio.com

EPISTEMOLOGÍA: "TEORÍA DEL CONOCIMIENTO"

Síntesis de la obra "Teoría del conocimiento" de J. Hessen. Es una introducción a los problemas que el conocimiento plantea. Presenta el vasto panorama de tales cuestiones, los diferentes puntos de vista y las varias soluciones propuestas. 1938.
Editorial Palibrio 2015
Ventas@Palibrio.com

LA FILOSOFÍA ORIENTAL Y EL PUESTO DE LA CULTURA DE JAPÓN EN EL MUNDO

Libro premiado con el primer lugar del Concurso Internacional de Filosofía Oriental, cuyo premio le fue entregado en Japón por Su Alteza Imperial, el principe Takamatsu, hermano del Emperador de Japón. 1930.
Editorial Palibrio 2015
Ventas@Palibrio.com

FENOMENOLOGÍA. FILOSOFÍA MODERNA

Fenomenología: Filosofía moderna expone la filosofía Alemana contemporanea a través de las ideas de los fenomenólogos: Husserl, Scheler y Heidegger. 1933
Editorial Palibrio 2015
Ventas@Palibrio.com

ROMANTICISMO EN LA VIDA Y LA OBRA DE CHOPIN

El romanticismo en la obra de Chopin canta con la libertad más grande y entona la romántica frase, pinta con enardecimiento su más íntima convicción y hace versos en la intimidad de su corazón. 1949
Editorial Palibrio 2015
Ventas@Palibrio.com

DERECHO EXISTENCIAL

"El Derecho Existencial" se impone cada día más y más y la comprención de la filosofía general y especialmente de la Filosofía del Derecho debe satisfacer a las exigencias que indudablemente nos vamos a encontrar después de la guerra actual cuando se trate de resolver las situaciones jurídicas en un sentido de sinceridad y de realidad. 1932
Editorial Palibrio 2015
Ventas@Palibrio.com

POR EL MUNDO DE LA MUSICA
El propósito de estas conferencias, es el de proporcionar el conocimiento de la belleza de la música y su enorme importancia en la cultura de los pueblos y de los individuos.  1950
Editorial Palibrio 2015
Ventas@Palibrio.com

EL ESOTERISMO DE LA DIVINA COMEDIA Y BOOZ O EL FILÓSOFO DE LA CIUDAD HUMANA
"El Esoterismo de la Divina Comedia" y "Booz o la Liberación de la Humanidad", es una Disertación Filosófica sobre la "Divina Comedia" de Dante Alighieri, que presenta la vida en su múltiple transformación y en su perpetuo crear.
Editorial Palibrio 2016
Ventas@Palibrio.com

LA CIENCIA COMO INTEGRADORA DE LA CULTURA
Serie de conferencias que presentan nuevas visiones en la historia, nuevos principios para la concepción de la naturaleza , nuevas soluciones para el complicado problema del espíritu y nuevos aspectos en la vida social. 1951
Editorial Palibrio 2016
Ventas@Palibrio.com

www.ingramcontent.com/pod-product-compliance
Lightning Source LLC
Chambersburg PA
CBHW021425170526
45164CB00001B/100